《数学中的小问题大定理》丛书（第八辑）

贝克码与编码理论

——从一道全国高中数学联赛二试试题的解法谈起

刘培杰数学工作室 编

◎ 两个与 Barker 码有关的竞赛试题
◎ Barker 码脉压的最佳加权及组合 Barker 码
◎ 用 Barker 码实现的快速信道估值器
◎ Barker 码的一些结论和二元码的优选问题
◎ 二值映射相关 Barker 码研究
◎ 搜索三加权 Barker 码的穷举算法
◎ 线性调频－Barker 码雷达信号的分析与处理

HITP
哈爾濱工業大學出版社
HARBIN INSTITUTE OF TECHNOLOGY PRESS

内 容 简 介

本书从一道全国高中数学联赛二试试题的解法谈起，详细介绍了 Barker 码与编码理论的相关知识及内容，如 Barker 码、Barker 码脉压的最佳加权及组合 Barker 码、伪随机序列、一种新型的帧同步码组：超 Barker 码、用 Barker 码实现的快速信道估值器等内容，通过对本书的学习，读者可以对 Barker 码与编码理论及相关内容有一定的了解，同时还可以引导读者能更好地将其应用到相关的理论研究中.

本书适合大中师生、相关领域研究人员和数学爱好者参考阅读.

图书在版编目（CIP）数据

贝克码与编码理论：从一道全国高中数学联赛二试试题的解法谈起/刘培杰数学工作室编. —哈尔滨：哈尔滨工业大学出版社，2025. 3. —ISBN 978-7-5767-1759-4

Ⅰ. O157. 4

中国国家版本馆 CIP 数据核字第 2024DP6929 号

BEIKEMA YU BIANMA LILUN：CONG YIDAO QUANGUO GAOZHONG SHUXUE LIANSAI ERSHI SHITI DE JIEFA TANQI

策划编辑　刘培杰　张永芹
责任编辑　关虹玲
封面设计　孙茵艾
出版发行　哈尔滨工业大学出版社
社　　址　哈尔滨市南岗区复华四道街 10 号　邮编 150006
传　　真　0451-86414749
网　　址　http：//hitpress. hit. edu. cn
印　　刷　哈尔滨起源印务有限公司
开　　本　787 mm×1 092 mm　1/16　印张 8. 25　字数 138 千字
版　　次　2025 年 3 月第 1 版　2025 年 3 月第 1 次印刷
书　　号　ISBN 978-7-5603-1759-4
定　　价　48. 00 元

目录

Barker 码

第 1 章

§1 引　言

著名数学家 M. Gardner(马丁·加德纳)曾指出:

"初学者解决一个巧题时得到了快乐,数学家掌握了更先进的问题时也得到了快乐,在这两种快乐之间没有很大区别. 二者都观看美丽动人之处,即支承着所有结构的那种匀称的、定义分明的、神秘的和迷人的秩序."

下面我们从一道数学竞赛试题谈起.

1989 年全国高中数学联合竞赛试题的第二试最后一题为:

有 $n\times n(n\geqslant 4)$ 的一张空白方格表,在它的每一个方格内任意地填入+1 与-1 两个数中的一个,现将表内 n 个两两既不同行(横)又不同列(竖)的方格中的数的乘积称为一个基本项. 试证:按上述方式所填成的每一个方格表,它的全部基本项之和总能被 4 整除.

本节将给出一个不同于标准答案,并且十分简洁、巧妙的证明. 为使我们的证明思路自然,我们先看几道竞赛题.

试题 1　若有 n 个整数 $a_1,a_2,\cdots,a_n$,其乘积等于 n,其和为 0,求证:$4\mid n$.

(1984 年全苏数学竞赛)

证明　先证 n 为偶数. 用反证法,假设 n 为奇数,则由 $\prod\limits_{i=1}^{n}a_i=n$,得 $a_i(i=1,2,\cdots,n)$ 为奇数,且 $\sum\limits_{i=1}^{n}a_i=$ 奇数,而这与已知 $\sum\limits_{i=1}^{n}a_i=0$ 矛盾,故 n 为偶数.

再证 $4|n$. 仍用反证法,假若不然,即 $4\nmid n$,此时 $a_1,a_2,\cdots,a_n$ 中只有一个偶数. 不妨设 a_1 是偶数,$a_2,a_3,\cdots,a_n$ 都是奇数,而这时 $n-1$ 是奇数,这样 $\sum_{i=1}^{n} a_i=$ 奇数个奇数和=奇数. 故

$$\sum_{i=1}^{n} a_i = a_1 + \sum_{i=2}^{n} a_i = 偶数 + 奇数 \neq 0$$

矛盾.

综上,有 $4|n$.

试题 2 设 $x_i\in\{1,-1\}(i=1,2,\cdots,n)$. 试证:若 $x_1x_2+x_2x_3+\cdots+x_{n-1}x_n+x_nx_1=0$,则 $4|n$.

(1959 年苏联数学竞赛)

证明 (1)先证 $2|n$.

设 $y_i=x_ix_{i+1}(i=1,2,\cdots,n)$,其中 $x_{n+1}=x_1$. 则由 $x_i\in\{1,-1\}$ 知,$y_i\in\{-1,1\}$. 由 $\sum_{i=1}^{n} x_ix_{i+1}=0$ 得 $\sum_{i=1}^{n} y_i=0$. 这意味着 n 个 y_i 中,有

$$|\{y_i|y_i=1\}|=|\{y_i|y_i=-1\}|=m$$

其中 $|X|$ 表示集合 X 的势,而

$$n=|\{y_i|y_i=1\}\cup\{y_i|y_i=-1\}|$$

我们注意到

$$\{y_i|y_i=1\}\cap\{y_i|y_i=-1\}=\varnothing$$

所以

$$n=|\{y_i|y_i=1\}|+|\{y_i|y_i=-1\}|=2n$$

(2)再证 $4|n$,即只需证 n 为偶数.

因 $y_i\in\{1,-1\}(i=1,2,\cdots,n)$,故 $\prod_{i=1}^{n} y_i=(-1)^m$. 另外

$$\prod_{i=1}^{n} y_i = \prod_{i=1}^{n} x_ix_{x+i} = \left(\prod_{i=1}^{n} x_i\right)^2 = 1$$

故 $(-1)^m=1$. m 只能为偶数.

综合(1)(2)可知 $4|n$.

受到试题 2 的启发,在最近几年的国际中学生奥林匹克数学竞赛(IMO)中又出现了一道与试题 2 类型完全相同的附加题:

试题 3 数列 $x_1,x_2,\cdots,x_n$ 中的各值或等于 1,或等于-1,并且

$$x_1x_2x_3x_4+x_2x_3x_4x_5+x_3x_4x_5x_6+\cdots+x_{n-3}x_{n-2}x_{n-1}x_n+$$
$$x_{n-2}x_{n-1}x_nx_1+x_{n-1}x_nx_1x_2+x_nx_1x_2x_3=0$$

求证:n 可被 4 整除.

显示只需令 $y_i=x_ix_{i+1}x_{i+2}x_{i+3}$,则完全同于试题 2 的证明.

现在我们来证明开始列出的全国竞赛题.

证明　显然共有 $n!$ 个基本项,将其设为 $r_1,r_2,\cdots,r_n$. 并设

$$|\{r_i|r_i=1\}|=m_1,|\{r_i|r_i=-1\}|=m_2$$

因为 a_{ij}(方格表中第 i 行第 j 列的方格内所填的数)只取+1 或-1,所以

$$r_i\in\{-1,1\}\quad(i=1,2,\cdots,n!)$$

注意到 a_{ij} 出现在和式 S 的$(n-1)!$ $(n\geqslant4)$个基本项中,所以

$$\prod_{i=1}^{n!}r_i=\left(\prod_{i=1}^{n}\prod_{j=1}^{n!}a_{ij}\right)^{(n-1)!}=1$$

得 m_2 为偶数,设为 $2k$.

再考察

$$\sum_{i=1}^{n!}r_i=(n!-2k)-2k=n!-4k$$

而 $n!$ 当 $n\geqslant4$ 时恒被 4 整除,故 $\sum\limits_{i=1}^{n!}r_i$ 可被 4 整除.

值得指出的是,如果把此全国竞赛题中的空白表看作一个 2 维的网络,那么利用本节的方法不难将其推广到 n 维空间网络上,只是叙述较繁,并无本质困难.

§2　Barker 码问题

1953 年,数学家 R. H. Barker(贝克)在 *Group synchronizing of binary digital systems* 中提出了一种新的编码方案,称为 Barker 码. 1982 年,中国科技大学的陆洪文教授最先在《中国科技大学校报》上研究了它. 以下为原文:

设有长为 n 的二元序列

$$x_1,x_2,\cdots,x_n\tag{1}$$

其中

$$x_j\in\{1,-1\}\quad(1\leqslant j\leqslant n)$$

称

$$C_k=\sum_{j=1}^{n-k}x_jx_{j+k}\quad(0\leqslant k\leqslant n-1)\tag{2}$$

为(1)的非周期相关函数.

显然 $C_0=n$. 如果以下条件成立

$$|C_k|\leqslant 1\quad(0<k<n)\tag{3}$$

那么(1)称为 Barker 码, n 称为它的码长. 已知有 Barker 码

$$n=2,++$$
$$n=3,++-$$
$$n=4,+++-,++-+$$
$$n=5,+++-+$$
$$n=7,+++--+-$$
$$n=11,+++---+--+-$$
$$n=13,+++++--++-+-+\tag{4}$$

显然, Barker 码经以下三种变换中的任意一种仍变为 Barker 码

$$x_j'=-x_j$$
$$x_j'=(-1)^jx_j$$
$$x_j'=(-1)^{j+1}x_j$$

这三种变换称为等价变换.

两个码长相等的 Barker 码, 如果经过上述三种等价变换之一, 可将其中一个变到另一个, 我们就称这两个 Barker 码等价.

问题是究竟有多少个两两不等价的 Barker 码呢?

容易证明, 码长 $n\leqslant 13$ 的 Barker 码必与上述(4)中所列出的那些 Barker 码之一是等价的.

Turyn 和 Storer 于 1961 年在《美国数学杂志》上证明了码长为奇数的 Barker 码的码长 $n\leqslant 13$.

已有人证明码长为偶数的 Barker 码的码长 $n=2,4$ 或者 $n\geqslant 6\ 084$(可见冯克勤教授的“谈谈二元序列的伪随机特性”, 1977 年 5 月伪随机码讨论会资料).

因此有下面的猜想:

猜想 偶数码长的 Barker 码的码长 $n\leqslant 4$.

陆洪文教授证明了如下定理:

陆洪文定理　码长为偶数的对称 Barker 码的码长 $n \leqslant 4$.

下面我们给出对称的定义.

首先，我们可以自然地以 n 为周期延拓序列(1)，即令

$$x_{j \pm n} = x_j \quad (j \text{ 为整数}) \tag{5}$$

定义　一个码(1)称为是对称的，是指存在一个整数 j_0，使

$$x_{j_0+l} = x_{j_0-l} \quad (1 \leqslant l \leqslant n)$$

由定义知，一个偶数码长的对称码(1)，乃是在轮换 j_0 次后，以所得的那个中间的码字 $x_{\frac{n}{2}} = x_{\frac{n}{2}+j_0}$ 为对称中心而对称相等的码. 从(4)即可知 $n=2,4$ 时的 Barker 码均为对称的.

由上述定理即知，若不存在偶数码长的非对称的 Barker 码，即可得上述猜想.

§3　陆洪文定理的证明

由 Hardy(哈代)和 Wright(赖特)的 *The theory of numbers*(1954 年版)即可得出下述断言：

引理 1　设(1)是一个码长 $n \geqslant 4$ 的偶数码长的 Barker 码，则我们有

$$\sum_{j=1}^{n} x_j x_{j+k} = \begin{cases} n, n \mid k \\ 0, n \nmid k \end{cases} \tag{6}$$

$$\sum_{j=1}^{n} x_j = \pm 2m \tag{7}$$

$$n = 4m^2 \tag{8}$$

这里，m 是一个正数数.

证明　为完整起见，我们给出引理 1 的证明. 由式(2)即知

$$C_k \equiv n-k \pmod 2$$

故得

$$C_{2k} = 0 \quad (1<2k<n-1) \tag{9}$$

$$C_{2k+1} = \pm 1 \quad (1 \leqslant 2k+1 \leqslant n-1) \tag{10}$$

由式(2)(5)易得

$$C_k + C_{n-k} = \sum_{j=1}^{n} x_j x_{j+k} \quad (1 \leqslant k \leqslant n) \tag{11}$$

令 $y_j = \dfrac{x_j+1}{2} = 0$ 或 1，则有

$$C_k+C_{n-k}=4\sum_{j=1}^{n}y_jy_{j+k}-4\sum_{j=1}^{n}y_j+n$$

从而

$$C_k+C_{n-k}\equiv n(\bmod 4)\quad(1\leqslant k\leqslant n)$$

但由式(9)知 $C_2=C_{n-2}=0$,故 $4\mid n$,所以

$$C_k+C_{n-k}\equiv 0(\bmod 4)\quad(1\leqslant k\leqslant n)$$

由此计及式(3),即得

$$C_k+C_{n-k}=0\quad(1\leqslant k\leqslant n-1)\tag{12}$$

由式(11)(12)即得式(6). 又由式(6)即知

$$\left(\sum_{j=1}^{n}x_j\right)^2=n$$

故 n 是完全平方数,且为偶数,由此便得式(7)(8).

引理 2 设码(1)是码长 $n\geqslant4$ 的偶数码长的 Barker 码. 令

$$a_1=\frac{1}{\sqrt{n}}\sum_{j=1}^{n}x_j\mathrm{e}^{2\pi\mathrm{i}(j-1)l/n}\tag{13}$$

这里,l 为整数. 则

$$|a_l|=1\tag{14}$$

如果此 Barker 码还是对称的,那么

$$a_l=\pm\mathrm{e}^{2\pi\mathrm{i}(j-1)l/n}\tag{15}$$

其中 $1\leqslant l\leqslant n$.

证明 易知

$$|a_l|^2=a_l\overline{a}_l=\frac{1}{n}\sum_{k=1}^{n}\sum_{j=1}^{n}x_jx_{j+k}\mathrm{e}^{2\pi\mathrm{i}kl/n}$$

故由式(6)即得

$$|a_l|^2=1$$

由此可得出式(14).

以下我们在码(1)还是对称的条件下来证明式(15),码(1)是对称的条件为:存在 j_0(此处 j_0 为某一个固定的正整数). 使

$$x_{j_0+1}=x_{j_0-1}\tag{16}$$

令

$$z_j=\sum_{j=1}^{n}x_{j+1}x_{j_0-1}\quad(1\leqslant j\leqslant n)\tag{17}$$

则有

$$z_{j_0}=n \tag{18}$$

由式(17)知

$$\sum_{j=1}^{n} z_j^2 = \sum_{t=1}^{n}\sum_{s=1}^{n} x_{j_0-1}x_{j_0-2} = \sum_{j=1}^{n} x_{j+1}x_{j+s}$$

故由式(6)即得

$$\sum_{j=1}^{n} z_j^2 = n\sum_{t=1}^{n} x_{j_0-t}^2 = n^2$$

由此及式(18)即知有

$$z_j=\begin{cases} n, j\equiv j_0(\bmod n) \\ 0, j\not\equiv j_0(\bmod n) \end{cases}$$

由式(17)知,此即

$$\sum_{t=1}^{n} x_{j_0+t}x_{j_0-t} = \begin{cases} n, j\equiv j_0(\bmod n) \\ 0, j\not\equiv j_0(\bmod n) \end{cases} \tag{19}$$

根据式(19),由 a_l 的定义式(13),即得

$$a_l^2=\frac{1}{n}\sum_{j=1}^{n}\sum_{t=1}^{n} x_{j+t}x_{j_0-t}\mathrm{e}^{2\pi\mathrm{i}(j_n+j-2)l/n} = \mathrm{e}^{2\pi\mathrm{i}(2j_0-2)l/n}$$

故得式(15).

引理3　设码(1)为码长 $n\geqslant4$ 的偶数码长的对称Barker码. a_l 如引理2所设,令 d 为 n 的一个正因子,整数 l 满足 $\gcd(l,d)=1$,则有

$$a_{\frac{n}{a}t}=b_d\mathrm{e}^{2\pi\mathrm{i}(j_0-1)l/d} \tag{20}$$

这里,j_0 是某一个整数,而 $b_d=\pm1$ 与 l 无关.

证明　令

$$a_{\frac{n}{a}l}=\varepsilon_{\frac{n}{d}t}\mathrm{e}^{2\pi\mathrm{i}(j_0-1)l/d} \tag{21}$$

由引理2知

$$\varepsilon_{\frac{n}{d}l}=\pm1 \tag{22}$$

下面来证明 $\varepsilon_{\frac{n}{d}t}$ 与 l 无关,这样就可得式(20).

由式(13)知

$$\sqrt{n}\,a\,\frac{n}{d}l=\sum_{j=1}^{n} x_j\mathrm{e}^{2\pi\mathrm{i}(j-1)l/n}$$

故由式(8)即得

$$2m\varepsilon_{\frac{n}{d}l}\mathrm{e}^{2\pi\mathrm{i}(j_0-1)l/d} = \sum_{j=1}^{d} x_j^{(d)}\mathrm{e}^{2\pi\mathrm{i}(j-1)l/n} \tag{23}$$

其中

$$x_j^{(d)} = \sum_{\substack{m \equiv j (\bmod a) \\ 1 \leqslant m \leqslant n}} x_m$$

是一个整数. 由式(21)(22)(23)即知整系数多项式

$$F_{d,l}(x) = 2m\varepsilon_{\frac{n}{d}l} x^{j_0-1} - 1 - \sum_{j=1}^{n} x_j^{(d)} x^{j-1}$$

被 $\varphi(d)$ 次分圆多项式

$$f_d(x) = \prod_{\substack{l=1 \\ (l,d)=1}}^{d} (x - \mathrm{e}^{2\pi \mathrm{i} l/n})$$

所整除. 由此即知

$$\varepsilon_{\frac{n}{d}l} = b_d \quad (1 \leqslant l \leqslant d, (l,d) = 1)$$

与 l 无关,引理 3 得证.

下面来完成定理的证明. 设(1)为 $n \geqslant 4$ 的偶数码长的对称 Barker 码. 由式(13)即得

$$\begin{aligned} \sqrt{n} x_{j_0-1} &= \sum_{l=1}^{n} a_l \mathrm{e}^{-2\pi \mathrm{i}(j_0-2)l/n} \\ &= \sum_{d=1} \sum_{\substack{l=1 \\ (l,d)=1}}^{d} a_{\frac{n}{d}l} \mathrm{e}^{-2\pi \mathrm{i}(j_0-2)l/d} \end{aligned}$$

故由引理 3,有

$$\sqrt{n} x_{j_0-1} = \sum_{d \mid n} b_d \sum_{\substack{1 \leqslant l \leqslant d \\ (l,d)=1}} \mathrm{e}^{2\pi \mathrm{i} l/n} = \sum_{d \mid n} b_d \mu(d) \tag{24}$$

这里,$\mu(d)$ 是 Möbius(麦比乌斯)函数,并用到 Ramanujan(拉马努金)和

$$\sum_{\substack{l=1 \\ (l,d)=1}}^{d} \mathrm{e}^{2\pi \mathrm{i} l/n} = \mu(d)$$

由 Hardy 和 Wright 的 *The theory of numbers* 中的

$$\sqrt{n} = |\sqrt{n} x_{j_0-1}| \leqslant \sum_{d \mid n} |b_d| |\mu(d)| = \sum_{d \mid n} |\mu(d)| = 2^{\omega(n)}$$

即有

$$\sqrt{n} \leqslant 2^{\omega(n)} \tag{25}$$

这里,$\omega(n)$ 是 n 的不同素因子的个数. 令

$$n = 2^{2a} \prod_{j=1}^{s} p_j^{2al}$$

其中 $p_1, p_2, \cdots, p_s$ 为 s 个不同的奇素数,$a \geqslant 1, a_j \geqslant 1$ 为整数. 那么由式(25)即有

$$2^a \prod_{j=1}^{s} p_j^{a_j} \leqslant 2^{s+1}$$

由此得 $s=0,a=1$，即只有 $n=4$ 才有可能. 定理证毕.

§4　两个与 Barker 码有关的竞赛试题

试题 4　已知 95 个数 $a_1,a_2,\cdots,a_{95}$，每个都只能取+1 或-1 两个值之一. 那么，它们两两之积的和 $a_1a_2+a_2a_3+\cdots+a_{94}a_{95}$ 的最小正值是________.

（1994 年全国高中联赛）

解　记 $N=a_1a_2+a_2a_3+\cdots+a_{94}a_{95}$. 设 $a_1,a_2,\cdots,a_{95}$ 中有 m 个+1，有 n 个-1. 则 $m+n=95$，故有

$$(a_1+a_2+\cdots+a_{95})^2=2N+95$$

而

$$a_1+a_2+\cdots+a_{95}=m-n$$

故有

$$(m-n)^2=2N+95$$

使该式成立的最小自然数 $N=13$. 此时有 $(m-n)^2=11^2$. 即 $m-n=\pm 11$. 联立 $m+n=95$，$m-n=\pm 11$. 可求得 $m=53,n=42$，或 $m=42,n=53$. 据此可构造出使 N 达到极小值 13 的 $a_1,a_2,\cdots,a_{95}$ 的取值情况.

试题 5　设 $a_1,a_2,\cdots,a_{10}$ 是 10 个两两不同的自然数，它们的和为 1 995，试求

$$a_1a_2+a_2a_3+\cdots+a_9a_{10}+a_{10}a_1$$

的最小值.

解　因 $\sum_{i=1}^{10} a_i = 1\,995$ 及 $a_1,a_2,\cdots,a_{10}$ 为自然数，故所述最小值存在.

设 $S=a_1a_2+a_2a_3+\cdots+a_{10}a_1$ 已为最小值，不妨设 $a_1,a_2,\cdots,a_{10}$ 中 a_1 最大.

a_2+a_{10} 应不大于 $a_{k-1}+a_{k+1}$（$k=3,4,\cdots,9$，约定 $a_{11}=a_1$），否则将 a_1 与 a_k 交换，由于

$$a_1(a_2+a_{10})+a_k(a_{k-1}+a_{k+1})=a_k(a_2+a_{10})+a_1(a_{k-1}+a_{k+1})$$

$S=a_1a_2+a_2a_3+\cdots+a_{10}a_1$ 经调整后更小.

若 $\{a_2,a_3,\cdots,a_{10}\}\neq\{1,2,\cdots,9\}$，则必有某个 $a_k>j$，$k\in\{2,3,\cdots,10\}$，$j\in\{1,2,\cdots,9\}$，而 $a_k\notin\{1,2,\cdots,9\}$，$j\notin\{a_2,a_3,\cdots,a_{10}\}$.

在 $k\neq 2,10$ 时，将 a_k 改为 j，a_1 改为 a_1+a_k-j. 由于

$$(a_1+a_k-j)(a_2+a_{10})+j(a_{k-1}+a_{k+1})<a_1(a_2+a_{10})+a_k(a_{k-1}+a_{k+1})$$

S 经调整后更小. 因此在 S 已最小时，$a_3,a_4,\cdots,a_9\in\{1,2,\cdots,9\}$. 又由于 $a_2+a_{10}<a_2+a_4$ 及 $a_2+a_{10}<a_8+a_{10}$，故 $a_2<a_8$，$a_{10}<a_4$，故

$$\{a_2,a_3,\cdots,a_{10}\}=\{1,2,\cdots,9\}$$

从而

$$a_1=1\ 995-\sum_{i=2}^{10} i=1\ 995-45=1\ 950$$

这样，由 S 的最小性，必有 $a_2+a_{10}=1+2$. 不妨设 $a_2=1$，$a_{10}=2$，则

$$S=3\times1\ 950+a_3+a_3a_4+a_4a_5+\cdots+a_7a_8+a_8a_9+2a_9$$

则

$$\begin{aligned}&2a_3+a_3a_4+a_4a_5+\cdots+a_7a_8+a_8a_9+2a_9-a_3\\&=-\frac{1}{2}[(2-a_3)^2+(a_3-a_4)^2+\cdots+(a_9-2)^2]+2^2+3^2+\cdots+9^2-a_3\\&\geqslant-\frac{1}{2}[(2-9)^2+(9-3)^2+(8-2)^2+(8-4)^2+(7-3)^2+(7-5)^2+(6-4)^2+\\&\quad(6-5)^2]+2^2+3^2+\cdots+9^2-9\\&=9\times(1+3)+8\times(2+4)+7\times(3+5)+6\times(4+5)\end{aligned}$$

于是，在 $a_1=1\ 950$，$a_2=1$，$a_{10}=2$，$a_3=9$，$a_4=3$，$a_9=8$，$a_5=7$，$a_8=4$，$a_6=5$，$a_7=6$ 时，S 取得最小值

$$3\times1\ 950+9\times(1+3)+8\times(2+4)+7\times(3+5)+6\times(4+5)=6\ 044$$

Barker 码脉压的最佳加权及组合 Barker 码

第2章

毛培法教授 1978 年介绍了用最佳加权使 Barker 码自相关函数的主副峰比从 13(22.8 db)增加到 55(35 db),S/N 损失为 −0.256 db;用组合法使 Barker 码随意增长,达到工程上可以应用的程度.

§1 引　　言

近代的雷达,不仅要能发现很远的目标,而且要有很高的距离分辨率和速度分辨率. 从雷达信号理论①的观点看,就是要求雷达信号不仅有很大的平均功率,而且还应具有图 1 所示的理想模糊函数. 这种模糊函数在 $\omega=0$ 及 $\tau=0$ 两垂直平面上为 Dirac 函数 $\delta(\tau)$ 及 $\delta(\omega)$. 所谓模糊函数 $\psi(\tau,\omega)$,就是信号二维自相关函数的平方,即

$$\psi(\tau,\omega)=|\theta(\tau,\omega)|^2$$

其中

$$\theta(\tau,\omega)=\int_{-\infty}^{\infty}u(t-\tau/2)u(t+\tau/2)\mathrm{e}^{-j\omega t}\mathrm{d}t$$

$\theta(\tau,\omega)$为信号 $u(t)$ 的自相关函数,τ 为信号的时延,ω 为信号的 Doppler(多普勒)频率. 实际上,任何信号都不会有理想的模糊函数,但是这个理想化的模糊函数给雷达信号设计提供了重要依据.

① THEDRY P I. Probability and information theory: with applications to radar[M]. Pregamon Press Ltd., 1953.

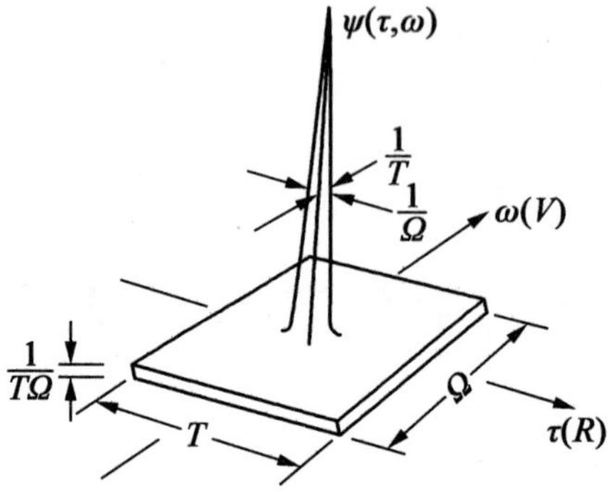

图 1

§2 几种雷达信号

早期的雷达大都用单个矩形脉冲作为探测信号,然而这种单个矩形脉冲不是优良的雷达信号,因为它无法解决作用距离与分辨率之间的矛盾. 为了解决这个重要问题,1951 年,Klauder 等人研制出一种脉冲压缩雷达,取名"chirp radar"①. 它的工作原理可用图 2 简要地说明:$v_1(t)$是宽度为 T_1 的线性调频信号(频率从f_1 到f_2 变化),匹配滤波器的色散迟延特性与信号 $v_1(t)$的扫频特性成镜像关系. 当信号 $v_1(t)$通过该滤波器时,前沿(频率f_1)迟延时间 t_2 比后沿(频率f_2)迟延时间 t_1 长,这就使输出波形 $v_2(t)$变窄,形成功率集中. 理论分析证明,$v_2(t)$的包络呈 $\sin x/x$ 形,其主峰只比最大的副峰大 4.5 倍(约 13.2 db). 这样大的副峰很容易被误认为是个目标(产生错误判断). 现在已有许多抑制副峰的方法,可以将副峰抑制到对实际观测无影响的程度,如主副峰比达 30~40 db,但对相位失真要求很严,稳定性要求很高,并要付出 1~2 db 的 S/N 损失,另外主峰宽度要展宽 1.5 倍左右. 采用非线性调频理论上可以做到在匹配状态下较好地抑制副峰,但具体实现很困难②. 另外,由于这类信号靠频率编码和译码,动目标的 Doppler 频移会带来测距误差. 为了减少由此引起的测距误差,通常用边带倒置技术交替地发射扫频方向相反的探测脉冲,在接收机中经匹配滤波器处理的信号将一前一后地交替出现,其中间位置代表目标的真实位置. 显然,这样做会使脉冲积累数减半,S/N 下降 3 db,也容易产生差错.

---

① KLAUDER J R,et al. The theory and design of chirp radars[J]. Bell System Technical Journal, 2013, 39(4). DOI:10.1002/j.1538-7305.1960.tb03942.x.

② COOK C E,BERNFELD M. Radar signals[M]. New York:Academic Press. 1967.

上述调频信号通常称为连续信号或模拟信号. 还有一类是离散编码信号,通常采用二相编码,包括 M 序列、L 序列、Barker 码和互补码等.

M 序列和 L 序列都是周期序列,虽然这两种码的自相关函数很理想,但必须有足够的码长. 如果主副峰比大于 30 db,对于 M 序列,要求码长 $N \geqslant 1\ 023$;对于 L 序列,要求 $N \geqslant 467$. 所以这两种信号适用于连续波雷达.

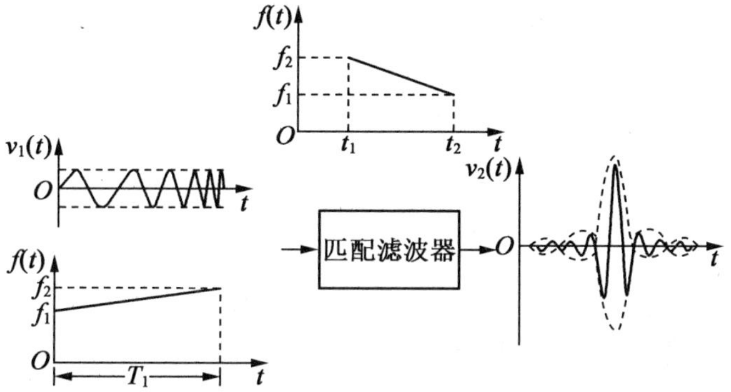

图 2

Barker 码自相关函数的主峰等于码长 N,副峰绝对值最大为 1. 不难证明,对于这种有限长序列,其副峰绝对值不可能都小于 1,因此人们称 Barker 码为有限长最佳序列. 但是,这种码的长度太短,奇数长 $N \leqslant 13$①,偶数长在 $4 < N \leqslant 6\ 084$ 间已不存在②,这样工程上实用的 Barker 码也就不存在了. 有关 Barker 码脉压的原理将在后面介绍.

利用一对互补码来对消副峰的方法已有人提出,其原理如图 3 所示. 不过这种体制需要同时发射一对互补码,而且两个信道的传输函数要相同,这在技术上带来了不少困难,另外目前这种互补码已知的只有 50,进一步寻找也不容易. 据估计,彻底研究 34 位基本码需要用每秒运算 20 万次的电子计算机计算 300 万小时.

就有限长序列而言,Barker 码是最佳码. 但是,由于已知的 Barker 码长度 $N \leqslant 13$,更长的 Barker 码实际上已不存在,这就限制了它的广泛应用. 本章介绍用组合法增加码长,用加权法抑制 Barker 码自相关函数副峰的理论和方法.

---

① TURYN R,STOVER J E. On binary sequences[J]. Proc. Am. Math. Soc. ,1961,12:394-399.

② TURYN R. On barker codes of even length[J]. Proc. IEEE,1963,51:1256.

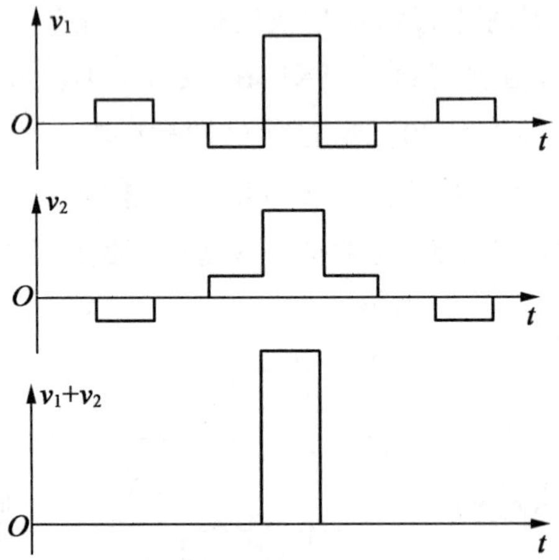

图 3

§3 抑制 Barker 码自相关函数副峰的最佳加权网络

线性调频信号的自相关函数呈 sin x/x 形,其主副峰比只有 4.5(13.2 db),经加权后使主副峰比达 30 以上. 对于 Barker 码,其自相关函数的主副峰比最大为 13,我们设计一个适当的加权网络对它进行处理,可使主副峰比达 55(35 db),所带来的 S/N 损失为-0.256 db.

在研究加权之前,我们先简要地介绍一下 Barker 码及其脉压原理.

设有长度为 N 的二元序列

$$x_1, x_2, \cdots, x_N$$

我们用集合 $\{x_i\}$ $(i=1,2,\cdots,N)$ 表示,其中 $x_i=\pm 1$,则该序列的非周期自相关函数为

$$C_k = \sum_{i=1}^{N-|k|} x_i x_{i+k}$$

若满足 $|C_k| \leqslant 1, 0<|k|<N$,则称 $\{x_i\}$ 为最佳序列,因为我们很容易证明 $|C_k|=0$ 的有限长序列不存在,从 $|C_k| \leqslant 1$ 为最小这个观点看它是最佳的. 这个序列由 Barker 最先研究出来,故常称其为 Barker 码,至今已知的 Barker 码只有七组,其中最长的是 13 位,见表 1.

表 1　Barker 码

码长 N	码元	主副峰比/db
2	+-,++	6.0

续表

码长 N	码元	主副峰比/db
3	++-	9.5
4	++-+,+++-	12.0
5	+++-+	14.0
7	+++--+-	16.9
11	+++---+--+-	20.8
13	+++++--++-+-+	22.3

用 Barker 码做雷达信号时，先用一组码（如--+）去调制载波，通常采用二相（0°，180°）调制，如图 4 所示．在雷达接收机中又将收到的目标反射信号通过相位检波变为视频码，然后再将视频码加到匹配滤波器处理．匹配滤波器的结构如图 5 所示，τ 为迟延时间恰好等于子脉冲（码元）宽度的理想迟延线（带宽无限，耗损为零），由迟延线引出的 3 个抽头，按前后次序分别作"+1，-1，-1"加权．由于加权符号"+1，-1，-1"与码的符号"-1，-1，+1"恰好成镜像关系，根据 N. Wiener（维纳）的最佳过滤理论，滤波器输出 S/N 达最大，即自相关函数主峰达最大．匹配滤波器中各点信号相加的情况从图 5（b）可以清楚地看出，一组"-1，-1，+1"的码经匹配滤波器处理后变为"-1，0，+3，0，-1"的自相关函数，主峰升高到码长 $N=3$，副峰绝对值为 1，主副峰比为 3．对于白噪声，由于它具有正态分布的振幅特性、均匀分布的相位特性及很宽的频谱，所以在匹配滤波器中应当按均方值相加，即 $\sigma_0=\sqrt{N\sigma_i^2}=\sqrt{N}\sigma_i$，式中 σ_i 为匹配滤波器输入端的噪声均方根值，σ_0 为匹配滤波器输出端的噪声均方根值，N 为码长．就本例而言 $N=3$，$\sigma_0=\sqrt{3}\sigma_i$，所以经过匹配滤波器处理，信噪比可提高$\sqrt{3}$倍．对于码长 N 的信号，可使信噪比提高$\sqrt{N}$倍．这就是 Barker 码脉压原理．

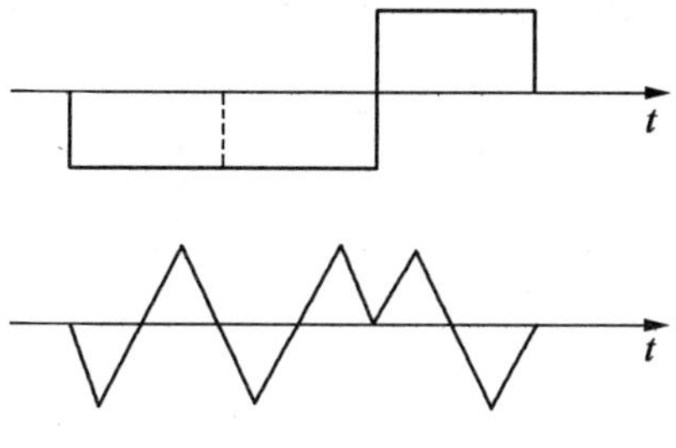

图 4　相位调制

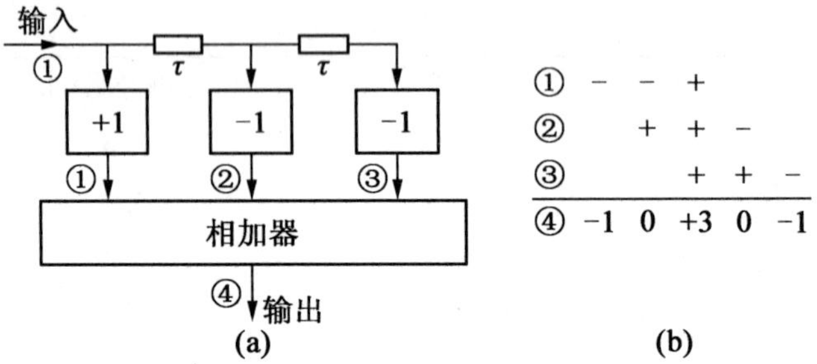

图 5

现在,我们介绍用加权网络抑制副峰的原理. 图 7 是加权网络,$s_1(t)$ 是从匹配滤波器输入的信号,经十二节迟延线迟延,由 13 个抽头引到相应的 13 个加权单元($-w_6,-w_5,\cdots,w_0,\cdots,-w_5,-w_6$),13 个加权单元的输出相加得 $s_2(t)$. 从图 6 可以看出加权网络各路信号相叠加使主通道信号 $w_0s_1(t-12\tau)$ 副峰减小的原理. 图 6 中最上面的信号为主通道信号 $w_0s_1(t-12\tau)$,$w_0=1$,所以这个信号实际上就是 $s_1(t)$ 迟延了 12τ,τ 为子脉冲宽度;第二个信号为第 6 路的输出,由于加权系数 w_1 很小,所以 $-w_1s_1(t-10\tau)$ 主要是用来抑制 $s_1(t-12\tau)$ 主峰左边第一副峰;同理,第三个信号 $-w_1s_1(t-14\tau)$ 主要是用来抑制 $s_1(t-12\tau)$ 主峰右边第一副峰. 依此类推,$s_1(t-12\tau)$ 的每个副峰都有相应的一路信号来抑制它.

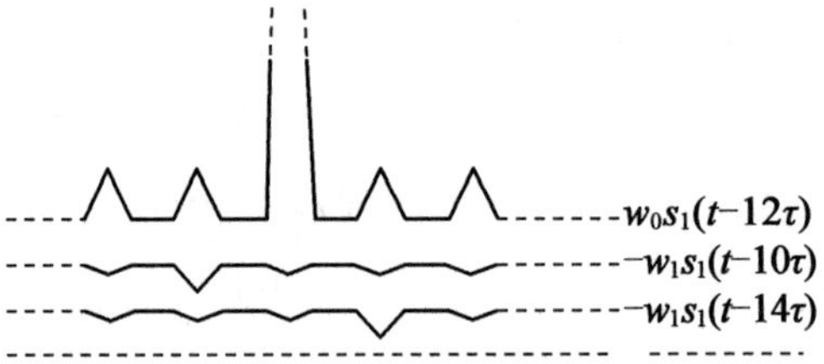

图 6　加权原理图

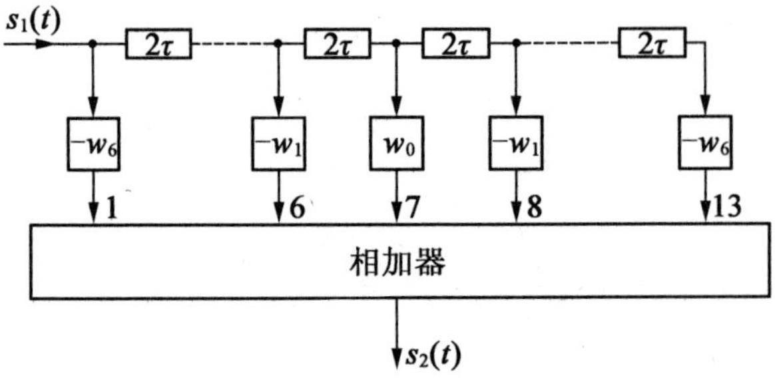

图 7　加权网络方框图

信号在加权网络内的叠加情况可以由图 8 看出(以 13 位 Barker 码为例).根据图 8,我们列出以下 13 个方程

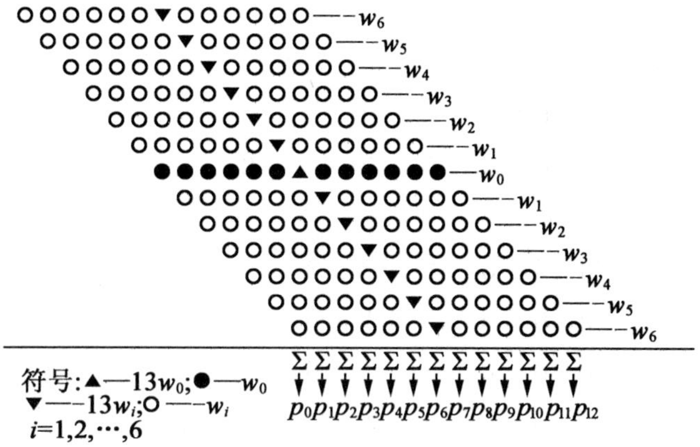

图 8　加权信号叠加示意图

$$p_0=13w_0-2\sum_{i=1}^{6}w_i \tag{1}$$

$$p_1=w_0-12w_1-2\sum_{i=1}^{6}w_i+w_6 \tag{2}$$

$$p_2=w_0-12w_2-2\sum_{i=1}^{6}w_i+w_5+w_6 \tag{3}$$

$$p_3=w_0-12w_3-2\sum_{i=1}^{6}w_i+w_4+w_5+w_6 \tag{4}$$

$$p_4=w_0-12w_4-\sum_{i=1}^{6}w_i-w_1-w_2 \tag{5}$$

$$p_5=w_0-12w_5-\sum_{i=1}^{6}w_i-w_1 \tag{6}$$

$$p_6=w_0-12w_6-\sum_{i=1}^{6}w_i \tag{7}$$

$$p_7=-\sum_{i=1}^{6}w_i \tag{8}$$

$$p_8=-\sum_{i=2}^{6}w_i \tag{9}$$

$$p_9=-\sum_{i=3}^{6}w_i \tag{10}$$

$$p_{10}=-\sum_{i=4}^{6}w_i \tag{11}$$

$$p_{11}=-\sum_{i=5}^{6} w_i \tag{12}$$

$$p_{12}=-w_6 \tag{13}$$

式(1)~(13)可用矩阵表示如下

$$\begin{pmatrix}
0&0&0&0&0&0&0&0&0&0&0&0&1\\
0&0&0&0&0&0&0&0&0&0&0&1&1\\
0&0&0&0&0&0&0&0&0&0&1&1&1\\
0&0&0&0&0&0&0&0&0&1&1&1&1\\
0&0&0&0&0&0&0&0&1&1&1&1&1\\
0&0&0&0&0&0&0&1&1&1&1&1&1\\
0&0&0&0&0&0&1&1&1&1&1&1&13\\
0&0&0&0&0&1&1&1&1&1&1&13&1\\
0&0&0&0&1&1&1&1&1&1&13&1&1\\
0&0&0&1&1&1&1&1&1&13&1&1&1\\
0&0&1&1&1&1&1&1&13&1&1&1&1\\
0&1&1&1&1&1&1&13&1&1&1&1&1\\
1&1&1&1&1&1&13&1&1&1&1&1&1
\end{pmatrix}
\begin{pmatrix}-w_6\\-w_5\\-w_4\\-w_3\\-w_2\\-w_1\\w_0\\-w_1\\-w_2\\-w_3\\-w_4\\-w_5\\-w_6\end{pmatrix}
=
\begin{pmatrix}p_{12}\\p_{11}\\p_{10}\\p_9\\p_8\\p_7\\p_6\\p_5\\p_4\\p_3\\p_2\\p_1\\p_0\end{pmatrix} \tag{14}$$

现在的问题是欲使$|p_0/p_i|_{i=1,2,\cdots,7}$最大,$w_i(i=1,2,\cdots,6)$应取什么值？也就是在$|p_0/p_i|_{i=1,2,\cdots,7}$最大的准则下求矩阵(14)中$w_i(i=1,2,\cdots,6)$的一组优值. 这个矩阵的优值计算有点烦琐,这里不再赘述. 我们从式(8)及式(7)可以看出,若将$\sum\limits_{i=1}^{6} w_i$变小,则$|p_7|$可以变小,但$p_6$增大,互相矛盾. 计算证明,当$p_i(i=1,2,\cdots,6)=-p_7=0.228$时,主副峰比最大,由此求出的最佳加权系数为

$$w_1=0.030\,1,w_2=0.033\,6,w_3=0.037\,0$$

$$w_4=0.040\,0,w_5=0.042\,7,w_6=0.045\,2$$

$$w_0=1.000$$

加权之后的主峰$p_0=13-2\sum\limits_{i=1}^{6} w_i=12.54$,副峰最大值为0.228,主副峰比为55(35 db).

加权网络的信噪比损失:

设匹配滤波器输入到加权网络的噪声均方根值为σ_i,则加权网络输出端的噪声均方根值为

$$\sigma_0 = \sqrt{w_0^2 + 2\sum_{i=1}^{6} w_i \sigma_i} \tag{15}$$

将已知值代入式(15)得

$$\sigma_0 = \sqrt{1+0.0177}\sigma_i = 1.0088\sigma_i$$

加权网络输入端的信噪比为

$$\frac{s_i}{\sigma_i} = \frac{13}{\sigma_i} \tag{16}$$

加权网络输出端的信噪比为

$$\frac{s_0}{\sigma_0} = \frac{p_0}{\sigma_0} = \frac{12.54}{1.0088\sigma_i} = \frac{12.45}{\sigma_i} \tag{17}$$

根据式(16)和式(17)可以求出加权网络的信噪比损失为

$$1 = 20\log\left(\frac{s_0/\sigma_0}{s_i/\sigma_i}\right) = 20\log\left(\frac{12.45}{13}\right) = -0.256\ \text{db} \tag{18}$$

我们还需指出,加权网络不使脉冲展宽①. 另外,其他几组 Barker 码也可以用同样方法加权.

§4　Barker 码的组合码

Barker 码的另一缺点是码长太短. 我们用组合的方法可以使码长随意增加.

为便于说明,我们以 3 位 Barker 码"+,-,-"为例,并以 $B_0(3)$ 表示它. 用 $B_0(3)$ 作码元,可以组成一组新码,如"$B_0(3)$,$B_0(3)$,$B_0(3)$,$-B_0(3)$,$B_0(3)$"组成 5 位码 $B_1(5)$,再以 $B_1(5)$ 为码元又可组成一组码,依此类推,理论上可以一直组合下去. 我们称 B_0 为基本码,B_1 为第一组合码,……,直到最后一次组合称为最终组合码. 基本码和所有组合码可以是各种各样的,但由于 13 位 Barker 码的加权效果最好,所以应尽可能采用 13 位码. 用 13 位码组成的 n 次组合码

$$B_0(13) \to B_1(13) \to \cdots \to B_n(13)$$

可得码长 $N=13^{n+1}$. 从实用考虑,可取 $n \leqslant 2$. 当 $n=1$ 时,$N=169$;当 $n=2$ 时,$N=$ 2 179.

如果码长不同于 13^n,可用其他的码搭配组合,例如

$$B_0(N_0) \to B_1(N_1) \to \cdots \to B_n(N_n)$$

① 采用数字迟延线,如 CCD 器件.

相应的匹配滤波器应先对 $B_n(N_n)$ 匹配，再对 $B_{n-1}(N_{n-1})$ 匹配，……，即应按以下次序组成

$$M_n(N_n) \to M_{n-1}(N_{n-1}) \to \cdots \to M_0(N_0)$$

$M_0(N_0)$——对 $B_0(N_0)$ 的匹配滤波器；……；$M_n(N_n)$——对 $B_n(N_n)$ 的匹配滤波器. 这种组合码的长度为

$$N = N_0 N_1 \cdots N_n$$

从实用考虑，N 只需取大约的整数，不需要精选.

采用组合码时，基本码和所用的组合码都应有自己的加权网络，只有这样才能达到预期的效果. 例如，对组合码 $B_0(13) \to B_1(13)$，其相应的匹配滤波器和加权网络应当这样连接

$$M_1(13) \to W_1(13) \to M_0(13) \to W_0(13)$$

总的信噪比损失为

$$L = L_1 + L_2 = -2 \times 0.256 = -0.512(\mathrm{db})$$

最后输出信号的主副峰比仍是 55(35 db).

由于组合码串行处理，所用的匹配滤波器和加权网络比较简单，所以器件较少. 例如，对于 $N=169$ 的码，若并行工作要 169 条引出线，而由 13^2 组合成的 169 位码，匹配滤波器只需 26 条引出线，加权网络也只需 26 条引出线. 当采用数字技术后，这套设备可以做得很紧凑.

其他几组 Barker 码也可以配上加权网络，但主副峰比一般低于 55，改进的办法是采取二次加权，这样做信噪比会有所损失. 如对 13 位码做二次加权，主副峰比可优于 40 db，而总的 S/N 损失约−0. 6 db.

应当指出，由于码长 N 的 Barker 码经匹配滤波后其自相关函数向后拖长了 $(N-1)\tau$，τ 为码元宽度，如果先对基本码 $B_0(N_0)$ 匹配，其副峰会重叠，为了避免此现象发生，各码组之间应留有 $(N-1)\tau$ 的间隙期. 例如，对 $B_0(3) \to B_1(3)$ 这样的组合码，其码元应这样排列

$$(+1,+1,-1),(0,0),(+1,+1,-1),(0,0),(-1,-1,+1)$$

经 $M_0(3)$ 匹配滤波器处理后为

$$(-1,0,+3,0,-1)(-1,0,+3,0,-1)(+1,0,-3,0,+1)$$

再经 $M_1(3)$ 匹配滤波器处理后为

$$(-1,0,+3,0,-1)(0,0,0,0,0)(-3,0,+9,0,-3)(0,0,0,0,0)(-1,0,+3,0,-1)$$

但若按 $B_n(N_n), B_{n-1}(N_{n-1}), \cdots, B_0(N_0)$ 的先后次序匹配，并满足 $N_n \geqslant$

$N_{n-1} \geqslant \cdots \geqslant N_0$ 的关系,那就不存在副峰重叠问题,因 Barker 码的自相关函数会交替出现必要的“0”间隙期.

§5　结束语

现代的雷达,往往工作在十分复杂的干扰环境之中,人们对雷达的检测和估值能力的要求也不断提高,研究优良的雷达信号和设计合适的信号加工网络是雷达技术中的重要课题之一. 为了满足这些要求,往往需要多种信号形式,例如,调频脉压的刀形自相关函数不易丢失动目标,而相位编码脉压的自相关函数对 Doppler 频移很敏感,有利于检测速度信息,同时采用这两种信号可互相取长补短. 这两种信号的脉压都有良好的恒虚警特性,已有人用 31 位码脉压做了抗海浪干扰的实验,效果显著. 当解决了 Barker 码的组合延长及其自相关函数的副峰抑制后,不仅使它具有实用价值,而且由于它在信号产生和处理方面更便于采用数字技术,序列的结构及长度便于改变,加权损失少,所用器件较节省等,使它成为近代雷达中较为优越的信号形式之一.

第3章 伪随机序列

§1 引　言

在数字通信、测距及跟踪系统中常用伪随机序列来调制信号(即将信号波形用此种序列编码),以达到提高可靠性和有效性或保密等目的.其重要的应用是在测距方面.据报道,早期曾用长度为 $2^{13}-1=8\ 191$ 的 m-序列于金星测距,在极低的信噪比情况下提取信号,达到极高的测量精度;但这是用长的积累时间换取到的.后来,为了能快速检测,有的深空测距系统用几个短 m-序列的 Boole 组合序列调制连续载波,从而大大缩减了积累时间.伪随机序列亦曾用于可由单人背负的便携式连续波 Doppler 雷达,供前沿侦察之用;在功率相当低的情况下,提供了清晰的距离与速度信息.中国科学院数学研究所戚征研究员将国外资料中有关伪随机序列的主要结果做了侧重于数学方法的介绍,现总结如下.

1.序列的自相关函数

对任意实数序列 $\{a_k\}$ 定义其自相关函数为

$$C(\tau)=\lim_{n\to\infty}\frac{1}{n}\sum_{k=1}^{n}a_ka_{k+\tau} \tag{1}$$

这里当然要假定极限存在且有限.整数 τ 可视为 $\{a_k\}$ 的相移量,而 $C(\tau)$ 则是度量相移后的序列与原序列之间的相似程度.可证 $|C(\tau)|\leqslant C(0)$.

当序列 $\{a_k\}$ 以 l 为周期时,式(1)可简化为

$$C(\tau)=\frac{1}{l}\sum_{k=1}^{l}a_ka_{k+\tau} \tag{2}$$

既然$\{a_k\}$为周期序列,故可向左右两面周期延拓,因此式(2)中的τ可为任意整数. 这是周期序列的“归一化”的自相关函数;通常为简便起见,可略去归一化因子$1/l$而定义“非归一化”的自相关函数

$$C(\tau)=\sum_{k=1}^{l} a_k a_{k+\tau} \tag{3}$$

今后一般采用定义(3). $C(0)$通常称为“主峰”高度,而当$0<\tau<l$时,$|C(\tau)|$称为“副峰”(或“边峰”)高度. 在下面,一般恒设$a_k=\pm1$,但在结合移位寄存器以分析伪随机序列时,更为方便的是设$a_k=0,1$. 为统一起见,下面涉及自相关函数时,如未特别声明,一般恒设$a_k=\pm1$. 显然,只要作变换$b_k=\pm(1-2a_k)$或$b_k=\pm e^{i\pi a_k}$就可将0变为±1,将1变为∓1. 以0,1组成的序列适用于调幅,而由±1组成的序列适用于调相.

对非周期的有限序列$\{a_k\}_{k=1}^{l}$,其自相关函数的定义与周期情况相仿,但应设$k>l$时$a_k=0$,故此时应定义

$$C(\tau)=\sum_{k=1}^{l-\tau} a_k a_{k+\tau} \tag{4}$$

当然,在此应设$0\leqslant\tau<l$.

2. 伪随机序列名称的由来

在抛掷一枚均匀的硬币时,若出现正面记为1,出现背面记为-1,我们就得到一个随机的二元序列;当抛掷的次数足够多时,所得序列具有下列三条随机特性:

(1)列中1的个数与-1的个数接近相等.

(2)把连在一起的1(或-1)称为“游程”,其中1(或-1)的个数称为此游程的长度. 列中长度为1的游程约占游程总数的1/2,长度为2的约占1/4,长度为3的约占1/8,……. 在同长度的所有游程中,1的游程与-1的游程各占半数.

(3)序列的自相关函数的均值(期望值)在原点为最高,在离开原点时迅速下降.

以上是真正的二元随机序列的特性. 通常所谓的“伪随机序列”是指具有此三条特性的一部分或全部的二元序列. 之所以加上个“伪”字,是因为这些序列尽管表面上满足随机特性,但实际上它们都是按一定规律形成的“确定性的”序列. 序列是否随机取决于它的产生过程,仅由其最终形式是无法判定的. 在实际应用中,自相关函数的绝对值在原点之值应远远大于在其他点之值,这

样才便于在相关检测时把它们区别开. 所以, 自相关性(3)在以下特别受到注意.

§2 最长线性移位寄存器序列(简称 m–序列)

1. 移位寄存器

n 位移位寄存器由 n 个双稳态触发器和门电路构成,每个触发器称为一位,其两种状态分别以 0 及 1 表示. 当加上一个移位脉冲时可将每位之内容(0 或 1)移给下一位,最末一位(第 n 位)移出之内容即为输出. 为了保持连续工作,将移位寄存器某些位的内容经适当的逻辑运算后反馈到第一位去作为输入,例如可令

$$a_k \equiv \sum_{i=1}^{n} C_i a_{k-i} (\bmod 2) \tag{5}$$

其中 a_{k-i} 表示第 i 位的内容,而反馈系数 $C_i=1$ 或 0 视模 2 加法中取不取第 i 位的内容而定. 递推关系(5)可由模 2 加法器来实现,因为它是线性的,所以称为线性"反馈逻辑",相应的寄存器也就称为"线性移位寄为存器"了. "非线性移位寄存器"将在 §6 中讨论.

例 1 设 5 位线性移位寄存器的初始状态为 00001,其反馈逻辑为 $a_k = a_{k-3} \oplus a_{k-5}$,这里"$\oplus$"表示模 2 加法,则此移位寄存器的输出为一个以周期 $l=31$ 而重复的序列——1000010010110011111000110111010. 不难直接验证此序列满足前文叙述的三条随机特性(图 1).

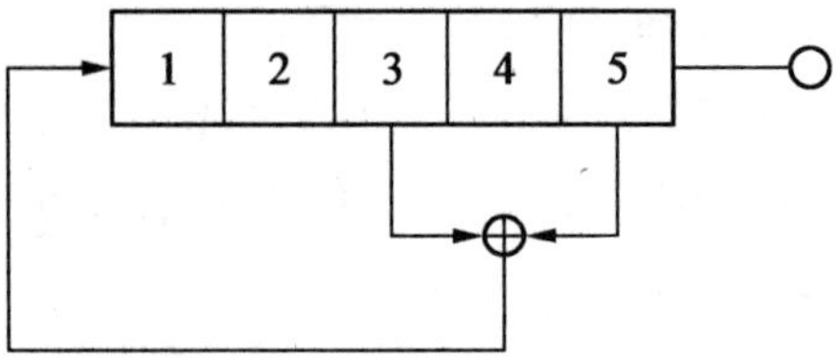

图 1

2. m–序列的定义

当 n 位线性移位寄存器的各位全为 0 时,它实际上就停止工作了,故应在 2^n 个可能状态中除去全 0 状态,因此最多作 2^n-1 次移位后必然恢复到初始状态,从此输出就开始周期地重复了. 由此可见,输出序列的周期(亦称长度)$l \leq 2^n-1$. 在例 1 中 $n=5, l=31=2^5-1$,故已为最长.

当 n 位线性移位寄存器序列 $\{a_k\}$ 的周期为最长,即 $l=2^n-1$ 时,称 $\{a_k\}$ 为

“最长 n 次线性移位寄存器序列”，简称“m-序列”. 由于 m-序列用途较大，又有完整的代数理论，所以介绍得比较详细.

3. m-**序列与本原多项式**

若 n 位线性移位寄存器的反馈系数为 $C_1, C_2, \cdots, C_n$，定义 n 次多项式

$$f(x) \equiv 1+\sum_{k=1}^{n} C_k x^k \pmod 2 \tag{6}$$

为这些寄存器及由其产生的周期序列的“特征多项式”.

任意 n 次多项式 $f(x)$ 为 n 次 m-序列的特征多项式的必要条件是 $f(x)$ 为二元域上的不可约多项式（即在二元域上不可能将其分解为两个次数均大于或等于 1 的多项式之积），但此条件并不充分. 若 $f(x)$ 为不可约的模 2 多项式，则 $f(x)$ 必能除尽 $1+x^{2n-1}$；若对任何正整数 $r<2^n-1$，$f(x)$ 不能除尽 $1+x^r$，则称 $f(x)$ 为 n 次“本原多项式”. n 次线性移位寄存器序列为最长的充要条件是其特征多项式为 n 次本原多项式. 若 n 次特征多项式为本原，则对不同的初始状态 $a_0, a_{-1}, \cdots, a_{-(n-1)}$，由与此多项式有同样系数 $C_1, C_2, \cdots, C_n$ 的线性递推关系(5)所产生的周期序列仅是出发相位不同. 若将出发相位不同的周期序列不加区别，则 n 次 m-序列与 n 次本原多项式为一一对应，从而有关 m-序列的研究归结为对本原多项式的研究.

已知模 2 的 n 次本原多项式的总数为

$$\lambda_2(n)=\frac{\varphi(2^n-1)}{n} \tag{7}$$

其中 Euler(欧拉) φ-函数的定义如下：设整数 $k\,(k>1)$ 的完全因子分解为 $k=\prod_{i=1}^{s} p_i^{\alpha_i}$，其中诸 p_i 为互异的素数，α_i 为正整数，则

$$\varphi(k)=\begin{cases} 1, k=1 \\ \prod_{i=1}^{s} p_i^{\alpha_i-1}(p_i-1), k>1 \end{cases} \tag{8}$$

可证 $\varphi(k)$ 为 $1, \cdots, k$ 中与 k 互素的整数的个数.

以上结果表明，对每一个整数 $n \geqslant 1$ 不仅存在 n 次本原多项式，而且随着 n 的增大，其总数 $\lambda_2(n)$ 迅速增加并渐近地等于 $2^n/n$. n 次不可约多项式的总数 $\Psi_2(n)$ 亦有同一数量阶.

4. m-**序列的伪随机性**

由前文知，通过变换 $b_k=\pm(1-2a_k)$ 或 $b_k=\pm e^{i\pi a_k}$ 可将 0,1 序列 $\{a_k\}$ 依次变

为±1,∓1 的序列$\{b_k\}$. 任何 n 次 m-序列都具有下列特征:

(1)在每一周期中 1 的总数较 0 的总数多 1.

(2)将 m-序列的一周期中的诸元依次排列于一圆周上,使其首尾相接,则长度为 1 的游程占游程总数(计 2^{n-1} 个)的 1/2(2^{n-2} 个),长度为 2 者占 $1/2^2$(2^{n-3} 个),长度为 3 者占 $1/2^3$(2^{n-4} 个),……. 在每种长度的游程中,0 与 1 的游程各占半数,但长度为 $n-1$ 的游程只有一个(0 的游程),长度为 n 的游程也只有一个(1 的游程).

(3)$\{b_k\}$的自相关函数为

$$C(\tau)=\sum_{k=1}^{l} b_k b_{k+\tau}=\begin{cases} l,\tau=0 \\ -1,0<\tau<l \end{cases} \quad (l=2^n-1) \tag{9}$$

(3′)$\{a_k\}$的自相关函数为

$$C(\tau)=\sum_{k=1}^{l} a_k a_{k+\tau}=\begin{cases} (l+1)/2,\tau=0 \\ (l+1)/4,0<\tau<l \end{cases} \quad (l=2^n-1) \tag{10}$$

由此可见,m-序列是很典型的伪随机序列,它以非常好的形式满足 §1 中所述的随机特性;特别是它的自相关性已达到最理想的程度,因周期 $l=2^n-1$ 为奇数,故当 $0<\tau<l$ 时,$|C(\tau)|$的最小可能值为 1. 随着次数 n 的增大,主峰高度 $C(0)=l=2^n-1$ 可无限增高,而诸副峰的高度$|C(\tau)|$$(0<\tau<l)$始终为 1.

在证明特征(3)或(3′)时要用到 m-序列的"移位可加性",此特性在 m-序列的理论与实际中都相当有用. 兹将有关的一般定理叙述于下:

定理 若 0,1 序列 $A=(a_1,a_2,\cdots)$的周期为 p,令

$$A_0=(0,0,\cdots,0,0)$$
$$A_1=(a_1,a_2,\cdots,a_{p-1},a_p)$$
$$A_2=(a_2,a_3,\cdots,a_p,a_1)$$
$$\vdots$$
$$A_p=(a_p,a_1,\cdots,a_{p-2},a_{p-1})$$

定义 A_i 与 A_j 的"按位模 2 加法"为

$$A_i\oplus A_j=(a_i\oplus a_j,a_{i+1}\oplus a_{j+1},\cdots,a_{i+p-1}\oplus a_{j+p-1})$$

则 A 为一 m-序列的充要条件为$\{A_0,A_1,\cdots,A_p\}$对加法运算"$\oplus$"构成一 Abel(阿贝尔)群(即 $A_i\oplus A_j=A_k$,$0\leqslant i,j,k\leqslant p$,$A_0$ 为零元素).

5. 将二元矩阵化为简化三角等幂形式及此形式的特性

设 $n\times n$ 二元矩阵(其阵元取 0,1 二值)为

$$\boldsymbol{C}=\begin{bmatrix} C_{11} & C_{12} & \cdots & C_{1n} \\ C_{21} & C_{22} & \cdots & C_{2n} \\ \vdots & \vdots & & \vdots \\ C_{n1} & C_{n2} & \cdots & C_{nn} \end{bmatrix}$$

对 $\boldsymbol{C}$ 进行适当的列运算,可将其化为“简化三角等幂形式”,即对角线以下的阵元全为 0,与对角线上的 0 同在一列的其他元及与对角线上的 1 同在一行的其他元都是 0. 为达到此目的,下面提出一种易于在专用设备的线路上实现,而同时对使用电子计算机或人工运算也方便可行的算法.

(1)若第一列最顶上的元为 0,则找一最靠左的列,其最顶上的元为 1,而它在对角线上的元为 0;若不存在这样的列,就找一个最靠左的列,其最顶上的元为 1,而它在对角线上的元亦为 1;将选得之列与第一列对换位置. 若第 1 列最顶上的元为 1,就做第(2)步. 若第 1 行全为 0,就做第(3)步.

(2)将第 1 列加在后面最顶上的元为 1 的各列上,使第 1 行除最左一元外全为 0.

(3)将各行向上循环移位(即使第 1 行移为最末一行而其余各行间次序不变),将各列向左循环移位(即使第 1 列移为最后一列而其余各列间次序不变).

将上述程序重复做 n 次,即可将 $\boldsymbol{C}$ 化为简化三角等幂形式 $\check{\boldsymbol{C}}$. 注意,各行经 n 次向上循环移位后仍各自返回到原位置,故实际上只是对列进行了初等运算就将 $\boldsymbol{C}$ 化为 $\check{\boldsymbol{C}}$ 了.

令 $\boldsymbol{x}=(x_1,x_2,\cdots,x_n)$ 为任意 n 维行矢量,则 $\boldsymbol{xC}=\boldsymbol{0}$ 的充要条件是 $\boldsymbol{x}\check{\boldsymbol{C}}=\boldsymbol{0}$;$\boldsymbol{x}\check{\boldsymbol{C}}=\boldsymbol{0}$ 的充要条件是 $\boldsymbol{x}$ 为 $\check{\boldsymbol{C}}+\boldsymbol{I}$ 的行的线性组合. 以上的 $\boldsymbol{0}$ 表示 n-维“零行矢量”,$\boldsymbol{I}$ 表示 $n\times n$ 单位矩阵.

对任意的 $n\times n$ 矩阵 $\boldsymbol{C}$,满足 $\boldsymbol{xC}=\boldsymbol{0}$ 的所有 n 维行矢量构成线性空间,称为 $\boldsymbol{C}$ 的“零空间”(或“核”). 由上述充要条件可知,$\check{\boldsymbol{C}}+\boldsymbol{I}$ 的全部非零行矢量即为 $\check{\boldsymbol{C}}$ 的零空间的一组基底,基底中行矢量的个数即为零空间的维数,而 $\boldsymbol{C}$ 与 $\check{\boldsymbol{C}}$ 的零空间相同.

6. 二元域上多项式的因子分解

如前文所述,求 n 次 m-序列等价于求 n 次本原多项式. 为此,首先要考查多项式是否可约,若不可约,则进一步还需检验其本原性. 关于这一点,我们提出更一般的——n 次模 2 多项式的因子分解和确定其周期的问题.

设$f(x)=\sum_{k=0}^{n}C_kx^k$,$C_n=1$,其余的$C_k=0$或1. 用下列算法可将$f(x)$分解为互不相同的不可约多项式的幂的乘积(此即所谓“完全因子分解”,因为所有的不可约因子都已被分解出来了).

(1)作$n\times n$矩阵$\boldsymbol{B}$,使其第i行为$x^{2(i-1)}(\bmod f(x))$所对应的n维行矢量,即$x^{2(i-1)}=\sum_{k=0}^{n-1}b_{i,k+1}x^k(\bmod f(x))$所对应的二元行矢量$(b_{i1},b_{i2},\cdots,b_{in})$. 矩阵$\boldsymbol{B}$可由一个起“乘以$x(\bmod f(x))$”作用的$n$位移位寄存器得到,即令寄存器的初始状态为100…0,并以其作为$\boldsymbol{B}$的第一行;第二行可由第一行向右连移两位$(\bmod f(x))$,亦即连做两次乘$x(\bmod f(x))$而得到;如此下去,在第$2(n-1)$次移位$(\bmod f(x))$后,就得到$\boldsymbol{B}$的最后一行. 每当有数字1移出第n位时,即应将$f(x)=(C_0,C_1,\cdots,C_n)$加于所得的$n+1$维行矢量上以消去第$n+1$位上的1,此即以上“$(\bmod f(x))$”的含意.

(2)求出$\boldsymbol{C}=\boldsymbol{B}+\boldsymbol{I}$的零空间的任一组基底,为此可用前文的算法将$\boldsymbol{C}$变换为简化三角等幂形式$\check{\boldsymbol{C}}$,而$\check{\boldsymbol{C}}+\boldsymbol{I}$的全体非零行矢量即为$\boldsymbol{C}$的零空间的一组基底. 此零空间的维数(即基底中行矢量的个数)即为$f(x)$的不同不可约因子的总数. 设$\check{\boldsymbol{C}}+\boldsymbol{I}$中计有$d$个非零行矢量$g^{(1)},g^{(2)},\cdots,g^{(d)}$,则零空间的维数为$d$.

(3)令$\check{\boldsymbol{C}}+\boldsymbol{I}$中每一非零行矢量$g=(g_0,g_1,\cdots,g_{n-1})$对应上一多项式

$$g(x)=\sum_{k=0}^{n-1}g_kx^k$$

用辗转相除法求$f(x)$与$g(x)+s(s=0,1)$的最大公因子$(f(x),g(x)+s)$,则

$$f(x)=\prod_{s=0,1}(f(x),g(x)+s) \tag{11}$$

右端分解出的两个多项式显然互素. 对应于第一行的$g=(1,0,0,\cdots,0)$,由式(11)得到的是$f(x)=1\cdot f(x)$,所以可从第二个非零行开始用式(11)进行分解. 若已分解出的互素因子之数小于d,则可从基底中再取一个尚未用过的矢量分别与每个已分解出的因子重复应用公式(11),就能得到进一步的分解. 如此下去,至多用完基底中所有矢量就可将$f(x)$分解为d个互素因子之积,它们中的每一个都是一个不可约多项式的幂.

(4)最后来确定已求得的d个因子是那些不可约多项式的幂. 不难证明,二元域上的多项式满足恒等式$\left(\sum_{k=0}^{n}C_kx^k\right)^{2^m}=\sum_{k=0}^{n}C_kx^{2^mk}$. 由此可将(3)中已分解出的$d$个因子中的任一个,例如$h(x)$的各项的幂次中公有的因子$2^m$提出

来，使剩下的多项式 $h_1(x)$ 中有奇次幂的项出现. 然后用辗转相除法求最大公因子 $(h_1(x),h_1'(x))$，此时 $h_1'(x)\neq 0$. 若 $(h_1(x),h_1'(x))\equiv 1$，则 $h_1(x)=p(x)$ 为不可约，故 $h(x)=[p(x)]^{2^m}$；若不然，则必有 $h_1(x)/(h_1(x),h_1'(x))=p(x)$ 为不可约，此时 $\beta=[h(x)$的次数$/p(x)$的次数$]=$正整数，且 $h(x)=[p(x)]^{\beta}$. 总之，可得 $h(x)=[p(x)]^{\alpha}$，其中 $p(x)$ 为不可约，α 为正整数，亦即 $f(x)$ 的完全因子分解为

$$f(x)=\prod_{i=1}^{d}[p_i(x)]^{\alpha_i} \tag{12}$$

其中 $p_i(x)(i=1,2,\cdots,d)$ 为互异的不可约多项式.

例 2　求 $f(x)=1+x^2+x^4+x^6+x^7+x^{12}+x^{13}=10101011000011$ 的完全因子分解.

解　用上述方法首先求出

$$\boldsymbol{B}=\begin{bmatrix}
1&0&0&0&0&0&0&0&0&0&0&0&0\\
0&0&1&0&0&0&0&0&0&0&0&0&0\\
0&0&0&0&1&0&0&0&0&0&0&0&0\\
0&0&0&0&0&0&1&0&0&0&0&0&0\\
0&0&0&0&0&0&0&0&1&0&0&0&0\\
0&0&0&0&0&0&0&0&0&0&1&0&0\\
0&0&0&0&0&0&0&0&0&0&0&0&1\\
1&1&1&1&1&1&1&0&1&0&0&0&1\\
1&1&0&0&0&0&0&1&0&0&1&0&1\\
1&1&0&0&1&1&1&0&1&1&0&0&0\\
0&0&1&1&0&0&1&1&1&0&1&1&0\\
1&0&1&0&0&1&1&1&1&1&1&0&0\\
0&0&1&0&1&0&0&1&1&1&1&1&1
\end{bmatrix}$$

由此得

$$
\boldsymbol{C}=\boldsymbol{B}+\boldsymbol{I}=\begin{bmatrix}
0&0&0&0&0&0&0&0&0&0&0&0&0\\
0&1&1&0&0&0&0&0&0&0&0&0&0\\
0&0&1&0&1&0&0&0&0&0&0&0&0\\
0&0&0&1&0&0&1&0&0&0&0&0&0\\
0&0&0&0&1&0&0&0&1&0&0&0&0\\
0&0&0&0&0&1&0&0&0&0&1&0&0\\
0&0&0&0&0&0&1&0&0&0&0&0&1\\
1&1&1&1&1&1&1&1&1&0&0&0&1\\
1&1&0&0&0&0&0&1&1&0&1&0&1\\
1&1&0&0&1&1&1&0&1&0&0&0&0\\
0&0&1&1&0&0&1&1&1&0&0&1&0\\
1&0&1&0&0&1&1&1&1&1&1&1&0\\
0&0&1&0&1&0&0&1&1&1&1&1&0
\end{bmatrix}
$$

重复应用本节第 5 部分的算法 13 次,可将 $\boldsymbol{C}$ 变换为如下的简化三角等幂形式

$$
\check{\boldsymbol{C}}=\begin{bmatrix}
0&0&0&0&0&0&0&0&0&0&0&0&0\\
0&0&0&1&1&1&0&1&1&1&0&1&1\\
0&0&0&1&0&1&0&1&1&0&0&0&0\\
0&0&0&1&0&0&0&0&0&0&0&0&0\\
0&0&0&0&1&0&0&0&0&0&0&0&0\\
0&0&0&0&0&1&0&0&0&0&0&0&0\\
0&0&0&0&0&0&1&0&0&0&0&0&0\\
0&0&0&0&0&0&0&1&0&0&0&0&0\\
0&0&0&0&0&0&0&0&1&0&0&0&0\\
0&0&0&0&0&0&0&0&0&1&0&0&0\\
0&0&0&0&0&0&0&0&0&0&1&0&0\\
0&0&0&0&0&0&0&0&0&0&0&1&0\\
0&0&0&0&0&0&0&0&0&0&0&0&1
\end{bmatrix}
$$

由此得

$$\check{C}+I=\begin{bmatrix}1&0&0&0&0&0&0&0&0&0&0&0&0\\0&1&0&1&1&1&0&1&1&1&0&1&1\\0&0&1&1&0&1&0&1&1&0&0&0&0\\0&0&0&0&0&0&0&0&0&0&0&0&0\\0&0&0&0&0&0&0&0&0&0&0&0&0\\0&0&0&0&0&0&0&0&0&0&0&0&0\\0&0&0&0&0&0&0&0&0&0&0&0&0\\0&0&0&0&0&0&0&0&0&0&0&0&0\\0&0&0&0&0&0&0&0&0&0&0&0&0\\0&0&0&0&0&0&0&0&0&0&0&0&0\\0&0&0&0&0&0&0&0&0&0&0&0&0\\0&0&0&0&0&0&0&0&0&0&0&0&0\\0&0&0&0&0&0&0&0&0&0&0&0&0\end{bmatrix}$$

$\boldsymbol{C}$ 的零空间的基底由 $\check{\boldsymbol{C}}+\boldsymbol{I}$ 的非零行矢量构成，现在 $\check{\boldsymbol{C}}+\boldsymbol{I}$ 仅有 3 个非零行矢量，故 $\boldsymbol{C}$ 的零空间为三维，从而 $f(x)$ 只有 3 个不同的不可约因子. 与 $\check{\boldsymbol{C}}+\boldsymbol{I}$ 的第一行相应的多项式 $g^{(1)}(x)\equiv 1$，已知用它分解不出 $f(x)$ 的因子. 与第二行相应的多项式

$$g^{(2)}(x)=x+x^3+x^4+x^5+x^7+x^8+x^9+x^{11}+x^{12}=0101110111011$$

用辗转相除法求 $g^{(2)}(x)+s(s=0,1)$ 与 $f(x)=10101011000011$ 的最大公因子如下

```
      101110111011
    10101011000011
    --------------
    10000101111
    101110111011
    ------------
    1111100101
    10000101111
    -----------
    1111100101
```

```
      1101110111011
      10101011000011
      --------------
      11000101111
    1101110111011
    -------------
    11101100101
    11000101111
    -----------
      10100101
    11101100101
    -----------
    11111
  10100101
  --------
  1011101
     11111
  --------
  100001

      1011101
      -------
      11111
     100001
     ------
     11111
```

根据公式(11),$f(x)=(1+x+x^2+x^3+x^4+x^7+x^9)(1+x+x^2+x^3+x^4)$. 因共有 3 个不同的不可约因子,故还需进一步分解. 再求 $g^{(3)}(x)=001101011$ 与 $g^{(3)}(x)+1$ 和已分解出的两个因子的最大公因子. 先用 $g^{(3)}(x)$ 及 $g^{(3)}(x)+1$ 去分解已分出的前一因子

$$
\begin{array}{r}
1101011\\
\underline{1111100101}\\
111000111\\
\underline{1101011}\\
1101011
\end{array}
\qquad\qquad
\begin{array}{r}
101101011\\
\underline{1111100101}\\
101000111\\
\underline{101101011}\\
1011\\
\underline{101000111}\\
1010011\\
\underline{1011}\\
1011
\end{array}
$$

现已分解出 3 个互素的因子,故已无须再试行分解 $1+x+x^2+x^3+x^4$ 了. 最后来检验这 3 个因子是那 3 个不可约因子之幂.

$1+x+x^3+x^5+x^6=1101011$ 的各幂无 2^m 形公因子,其导数为 $1+x^2+x^4=10101$,用辗转相除法求出二者的最大公因子为 $1+x^2+x^4$,从而

$$p_1(x)=\frac{1+x+x^3+x^5+x^6}{1+x^2+x^4}=1+x+x^2$$

即

$$1+x+x^3+x^5+x^6=[p_1(x)]^3$$

$p_2(x)=1+x^2+x^3$ 的导数 $p_2'(x)=x^2$,显然

$$(p_2(x),p_2'(x))=1$$

故 $p_2(x)$ 已为不可约.

$p_3(x)=1+x+x^2+x^3+x^4$ 的导数 $p_3'(x)=1+x^2$,显然

$$(p_3(x),p_3'(x))=1$$

故 $p_3(x)$ 不可约.

最后得出完全因子分解

$$f(x)=(1+x+x^2)^3(1+x^2+x^3)(1+x+x^2+x^3+x^4)$$

注意:在辗转相除中凡出现在最左边的 0 均可略去,这相当于略去形如 x^m 的因子,而 $f(x)$ 的形如 x^m 的因子可以事先分出来;在上例中 $f(x)$ 显然没有形如 x^m 的因子. 另外,在检验 $f(x)$ 是否为不可约多项式时,无须求出其完全因子

分解；若发现 $\boldsymbol{C}$ 的零空间的维数大于 1，立可断定 $f(x)$ 可约，而不必再进行下去；若 $\boldsymbol{C}$ 的零空间的维数等于 1，则 $f(x)$ 不可约的充要条件是 $(f(x),f'(x))=1$.

下面介绍检验 $f(x)=\sum_{k=0}^{n}a_kx^k$ 的不可约性的一些简单技巧.

(1) 若 $f(1)=0$，即 $f(x)$ 的非零系数的个数为偶数，则 $1+x$ 为 $f(x)$ 的一个因子.

(2) $f(x^{2^m})=[f(x)]^{2^m}$.

(3) 倒数多项式 $g(x)=\sum_{k=0}^{n}a_kx^{n-k}$ 与 $f(x)$ 同时可约或否.

(4) $h(x)=f(x+1)$ 与 $f(x)$ 同时可约或否.

(5) 交替应用方法 (3)(4) 从一个不可约多项式 $f(x)$ 最多时可得出另外 5 个不同的不可约多项式.

7. 确定多项式的周期

能使多项式 $f(x)$ 除尽 $1+x^l \pmod 2$ 的最小正整数 l 称为 $f(x)$ 的“周期”(亦称 $f(x)$ 的“指数”). 当 $f(x)$ 为不可约多项式时，其周期 l 就是以 $f(x)$ 为特征多项式的线性移位寄存器序列的周期(长度)，此时由不同的非零初始状态所得的(可能不同的)序列皆有同一周期. 当 $f(x)$ 为本原时，则由不同的初始状态皆得同一序列. 当 $f(x)$ 可约时，与它相应的线性移位寄存器序列及此序列的周期一般皆与初始状态有关，但若初始状态为 00…01，则由此所产生的序列的周期即为 $f(x)$ 的周期. 现举一例说明. 当

$$f(x)=1+x^4+x^5=(1+x+x^2)(1+x+x^3)$$

时，若初始状态为 00001，则所得序列的周期为 21(此即为 $f(x)$ 的周期)；若初始状态为 00101，则所得序列的周期为 7；若初始状态为 01101，则所得序列的周期为 3.

(1) 若 $f(x)=\prod_{k=1}^{n}[p_k(x)]^{m_k}$ 为 $f(x)$ 的完全因子分解，$p_k(x)$ 的周期(指数)为 l_k，最小公倍数 $[l_1,l_2,\cdots,l_n]=l$，$e=\min\{2^r:$ 整数 $r\geqslant 0, 2^r\geqslant \max\{m_1,m_2,\cdots,m_n\}\}$，则 $f(x)$ 的周期 $L=le$.

(2) 若 $f(x)$ 为 n 次不可约多项式，则 $f(x)$ 必能除尽 $1+x^{2^n-1}$，且 $f(x)$ 的周期 l 必为 2^n-1 的因子. 故当 2^n-1 为素数时，2^n-1 即为 $f(x)$ 的周期，从而 $f(x)$ 为本原多项式. 由上述内容可见，求任意多项式的周期问题可归结为求不可约多项

式的周期. 设$f(x)$为n次不可约多项式,既然其周期$l\mid(2^n-1)$(即l能除尽2^n-1之意),故首先应求出完全因子分解$2^n-1=\prod_i p_i^{e_i}$. 若$x^{(2^n-1)/p_j}\neq 1(\mathrm{mod}\ f(x))$,则$p_j^{e_j}\mid l$;若$x^{(2^n-1)/p_j}=1(\mathrm{mod}\ f(x))$,则$p_j^{e_j}\nmid l$(即$p_j^{e_j}$除不尽$l$之意),此时可再考虑同余式$x^{(2^n-1)/p_j^2}=1(\mathrm{mod}\ f(x))$是否成立,由此来确定$p_j^{e_j-1}\mid l$是否成立,……,最终就能确定有几个素因子$p_j$在$l$中. 由于$j$的任意性,实际上用这种方法就能定出$2^n-1$的那些因子是$l$的因子. 但已知$l$的因子都是$2^n-1$的因子,所以$2^n-1$与$l$的公因子的全体就构成$l$. 当计算$x^{(2^n-1)/p_j^s}(\mathrm{mod}\ f(x))$之余数时,可先将数$(2^n-1)/p_j^s$用二进制形式表示出,由此$x^{(2^n-1)/p_j^s}$就可表示为$x,x^2,x^{2^2},\cdots,x^{2^{r-1}}$的一部分或全部之积,而$x^{(2^n-1)/p_j^s}(\mathrm{mod}\ f(x))$的剩余即为此乘积各因子的剩余的乘积$(\mathrm{mod}\ f(x))$. 如何计算$x^{2^t}(\mathrm{mod}\ f(x))$的剩余呢? 这要用到下面的结果:若$g(x)=\sum\limits_{k=0}^{n-1}g_kx^k$为次数小于或等于$n-1$的多项式,而$\boldsymbol{B}$是之前所述的那个与$f(x)$相应的$n\times n$矩阵,则$[g(x)]^2(\mathrm{mod}\ f(x))$的剩余(作为$n-1$次多项式)的系数(按升幂排列)所成的$n$维行矢量$=(g_0,g_1,\cdots,g_{n-1})\boldsymbol{B}$. 但$\boldsymbol{B}$的各行依次为$x^{2(i-1)}(\mathrm{mod}\ f(x))(i=1,2,\cdots,n)$的剩余,故当$2^t\leqslant 2(n-1)$时,求$x^{2^t}(\mathrm{mod}\ f(x))$的剩余早在求$\boldsymbol{B}$的各行时即已全部求出;当$2^t>2(n-1)$时,$x^{2^t}(\mathrm{mod}\ f(x))$的剩余可由$x^{2^{t-1}}(\mathrm{mod}\ f(x))$的剩余($n$维行矢量)左乘于$\boldsymbol{B}$来求得.

例 3 求例 2 中多项式$f(x)$的周期L.

解 已知$f(x)=(1+x+x^2)^3(1+x^2+x^3)(1+x+x^2+x^3+x^4)$为完全因子分解. 因为$2^2-1=3$及$2^3-1=7$皆为素数,故

$$p_1(x)=1+x+x^2,p_2(x)=1+x^2+x^3$$

皆为本原多项式,其周期依次为$l_1=3$及$l_2=7$. 最后求$p_3(x)=1+x+x^2+x^3+x^4$的周期l_3,因$2^4-1=15=3\cdot 5$,而

$$x^{15/3}=x^5=x\cdot x^{2^2}=x(1+x+x^2+x^3)=x+x^2+x^3+x^4=1(\mathrm{mod}\ p_3(x))$$

$$x^{15/5}=x^3\neq 1(\mathrm{mod}\ p_3(x))$$

即$3\nmid l_3$,$5\mid l_3$,从而$l_3=5$. 由此可知$l=[l_1,l_2,l_3]=[3,7,5]=105$. 又根据前文知,$e=\min\{2^r:\text{整数}\ r\geqslant 0,2^r\geqslant\max\{3,1,1,\}\}=4$. 最后,得$L=le=105\cdot 4=420$.

注意：由于本例中出现的最大的 $2^t=2^2<2(4-1)=6$，故在求 $p_3(x)$ 所对应的 $\boldsymbol{B}$ 的前三行时即已求出所需的各剩余矢量，而根本用不着左乘于 $\boldsymbol{B}$ 了. 另外，本例中 $f(x)$ 为 13 次可约多项式，其周期为 420；若 $g(x)$ 为一个 13 次不可约多项式，则因 $2^{13}-1=8\ 191$ 为素数，故 $g(x)$ 必为本原，从而其周期为 8 191，它大约为 420 的 20 倍.

例 4 求 $f(x)=1+x+x^9$ 的周期 l.

解 与 $f(x)$ 所对应的 $\boldsymbol{B}$ 矩阵由 $x^{2(i-1)}(\bmod f(x))(i=1,2,\cdots,9)$ 的剩余得到的 9 维行矢量所组成

$2(i-1)$	$x^{2(i-1)}(\bmod f(x))$ 的剩余
0	1 0 0 0 0 0 0 0 0
$2=2^1$	0 0 1 0 0 0 0 0 0
$4=2^2$	0 0 0 0 1 0 0 0 0
6	0 0 0 0 0 0 1 0 0
$8=2^3$	0 0 0 0 0 0 0 0 1
10	0 1 1 0 0 0 0 0 0
12	0 0 0 1 1 0 0 0 0
14	0 0 0 0 0 1 1 0 0
$16=2^4$	0 0 0 0 0 0 0 1 1

$$\boldsymbol{B}=\begin{bmatrix}1&0&0&0&0&0&0&0&0\\0&0&1&0&0&0&0&0&0\\0&0&0&0&1&0&0&0&0\\0&0&0&0&0&0&1&0&0\\0&0&0&0&0&0&0&0&1\\0&1&1&0&0&0&0&0&0\\0&0&0&1&1&0&0&0&0\\0&0&0&0&0&1&1&0&0\\0&0&0&0&0&0&0&1&1\end{bmatrix}$$

$\boldsymbol{C}=\boldsymbol{B}+\boldsymbol{I}$ 的零空间为一维，故 $f(x)$ 为一不可约多项式的幂. 又因 $(f(x),f'(x))=1$，故 $f(x)$ 本身是不可约的. $x^2,x^{2^2},x^{2^3},x^{2^4}(\bmod f(x))$ 的剩余已于求 $\boldsymbol{B}$ 的各行时求出，如上所示. 用 $x^{2^4}(\bmod f(x))$ 的剩余（$\boldsymbol{B}$ 的末行）行矢量左乘于 $\boldsymbol{B}$ 可得 $x^{2^5}(\bmod f(x))$ 的剩余行矢量，将最后这个矢量左乘于 $\boldsymbol{B}$ 又可得 $x^{2^6}(\bmod f(x))$ 的剩余行矢量，……，如下所列

2^s	$x^{2^s}(\bmod f(x))$ 的剩余
$32=2^5$	000001111
$64=2^6$	011111111
…	…

$2^9-1=511=7\cdot 73$.

$x^{511/73}\equiv x^7\neq 1(\bmod f(x))$ 是显然的，而

$$\begin{aligned}x^{511/7}&=x^{73}=x\cdot x^{2^3}\cdot x^{2^6}\\&=(1+x)x^{2^6}=(1+x)(x+x^2+\cdots+x^8)\end{aligned}$$

$$=x+x^9=1(\bmod f(x))$$

故知 $73|l,7\nmid l$,即 $l=73$.

对 9 次本原多项式而言,其周期为 $2^9-1=511$,是 73 的 7 倍.

8. 2^n-1 的完全因子分解

在研究 n 次多项式的周期时,要用到所谓的 Mersenne(梅森)数 $M_n=2^n-1$ 的完全因子分解. 当 n 较大时,求这种分解相当繁难. 在 Peterson(彼得森)的文章①的第 253 页上已列出 $3\leqslant n\leqslant 34$ 时的所有结果. 在 Brillhart②③ 和 Kraitchik④⑤(克赖希克)的文章及其引文中可以找到对于 $n=1$—124,126—136,138,140,142,144,146—148,150—156,158—160,162—166,168,170—172,174—176,178—184,186,188—190,192,194—196,198,200—202,204,208,210,212,214,216,218,220,222,224—226,228,230,232,234,236,240,244,246,252,255 时 M_n 的完全分解.

当 M_n 为素数时,任何 n 次不可约多项式皆为本原,但实际上这种 n 并不太多. 若 n 为复合数时,2^n-1 显然亦为复合数,但即使 n 为素数,M_n 仍可能为复合数(例如 $2^{11}-1=23\times 89$). 目前已知使 M_n 为素数的 24 个 n 是 2,3,5,7,13,17,19,31,61,89,107,127,521,607,1 279,2 203,2 281,3 217,4 253,4 423,9 689,9 941,11 213,19 937;Mersenne 素数 $M_{19\,937}$ 的十进制表示有 6 002 位(参看 Tuekerman 的文章⑥).

9. m-序列的求法

已知求 n 次 m-序列等价于求 n 次本原多项式,一般应先证明其为 n 次不可约多项式,然后再检验其本原性. 当 n 不大时,可用类似于数论中筛选素数的

---

① PETERSON W W. Error correcting codes[M]. Massachusetts:MIT Press,1961.

② BRILLHART J. Concerning the numbers 2^{2p+1},p prime[J]. Math. of Comp. ,1962,16:424-430.

③ BRILLHART J,SELFRIDGE J L. Some factorizations of $2^n\pm1$ and Related Results[J]. ibidem,1967,21:87-96, 751.

④ KRAITCHIK M. On the factorization of $2^n\pm1$[J]. Scripta Mathematica,1952,18:39-52.

⑤ KRAITCHIK M. Introduction á la théorie des nombres[M]. Paris:Gauthier-Villars,1952.

⑥ TUEKERMAN B. The 24-th Mersenne prime[J]. Proc. Nat. Acad. Sci. ,1971,68:2319-2320.

办法,先依次列出次数不超过 n 的全体(二元域上的)多项式,然后逐步筛选,最后就可选出次数小于或等于 n 的所有不可约多项式. 但当 n 较大时,仅列出次数小于或等于 n 的全部二元多项式已很费篇幅,更不用说逐步筛选的庞大工作量了! 利用前文中介绍的方法,可将次数 $n\leqslant 1\,000$ 的任何二元多项式完全分解(参看 Berlekamp 的文章①中的 6.3). 特别是在找 n 次不可约多项式时,用此方法很容易淘汰可约的多项式,这就避免了从低次往高次逐步筛选,而直接去检验一个多项式是否可约. 可是,在确定多项式的周期或其本原性时还会碰到求 2^n-1 的完全因子分解这个麻烦的问题.

(1)从已知的 m-序列求出其他的 m-序列.

若 $\{a_k\}$ 为 n 次 m-序列,则其长度(即周期)$l=2^n-1$,在此序列中每隔 q 个元抽出一个("q 中抽 1")就得到序列 $\{a_{qk}\}$ $(1\leqslant q<l)$. $\{a_{qk}\}$ 仍然是长度为 l 的 m-序列的充要条件是 $(q,l)=1$. 若 $1\leqslant q_1,q_2<l$, $(q_1,l)=(q_2,l)=1$,则 $\{a_{q_1k}\}=\{a_{q_2k}\}$(此处等号表示这两个序列至多是出发相位不同)的充要条件是 $q_2=2^rq_1 \pmod l$,其中 r 为某一确定的整数,$0\leqslant r\leqslant n-1$.

利用上述"q 中抽 1"的办法,所有长度 $l=2^n-1$ 的 $\varphi(2^n-1)/n$ 个 n 次 m-序列可由其中的任一个经适当的"抽选"而逐步求出. 可是,在 n 较大时,确定全部 $\varphi(2^n-1)/n$ 次抽选所需之 q 并不容易.

当已知 n 次 m-序列 $\{a_k\}$ 及与其相应的本原多项式 $f(x)$ 时,与抽选出的 n 次 m-序列 $\{a_{qk}\}$ 相应的本原多项式 $f_1(x)$ 如何求得呢? 这在用线性移位寄存器作为序列发生器时,是很自然地要提出的问题. 已知,$f_1(x)$ 与 $f(x)$ 的关系是

$$f_1(x)=\prod_{k=0}^{q-1} f(\omega_q^k x^{1/q}) \tag{13}$$

其中 ω_q 表示 1 的 q 次元根(例如 $\omega_q=\mathrm{e}^{2\pi\mathrm{i}/q}$. 特别地,若 q 为 mod l 的原根(即 $(q,l)=1$),而使 $q^r\equiv 1 \pmod l$ 成立的最小正整数 $r=\varphi(l)$),则所有 $\varphi(l)/n$ 个 n 次本原多项式可由其中的任意一个 $f(x)$ 经如下的递推公式逐一求出

$$f_s(x)=\prod_{k=0}^{q-1} f_{s-1}(\omega_q^k x^{1/q}) \quad \left(1\leqslant s\leqslant \frac{\varphi(l)}{n}-1\right) \tag{14}$$

其中 $l=2^n-1$, ω_q 为 1 的 q 次元根,$f_0(x)=f(x)$.

例 5 $f(x)=1+x^2+x^5$ 为一本原多项式(这不难验证),这里 $n=5$, $l=2^n-1=$

---

① BERLEKAMP E R. Algebraic coding theory[M]. McGraw-Hill, 1968.

31. 易证 $q=3$ 为 mod 31 的原根，取 1 的三次原根 $\omega_3=e^{2\pi i/3}$，则由式(14)可得(注意：$1+\omega_3+\omega_3^2=0$，在二元域中 $1+1=0,1=-1$)

$$f_0(x)=f(x)=1+x^2+x^5$$

$$f_1(x)=\prod_{k=0}^{2} f_0(\omega_3^k x^{1/3})=1+x^2+x^3+x^4+x^5$$

$$f_2(x)=\prod_{k=0}^{2} f_1(\omega_3^k x^{1/3})=1+x+x^2+x^4+x^5$$

$$f_3(x)=\prod_{k=0}^{2} f_2(\omega_3^k x^{1/3})=1+x^3+x^5$$

$$f_4(x)=\prod_{k=0}^{2} f_3(\omega_3^k x^{1/3})=1+x+x^2+x^3+x^5$$

$$f_5(x)=\prod_{k=0}^{2} f_4(\omega_3^k x^{1/3})=1+x+x^3+x^4+x^5$$

以上全部为 5 次本原多项式.

对 $l=2^n-1$，可证存在 mod l 的原根的充要条件是 l 为素数，故仅对不多的几个 n 能应用公式(14). 一般地，l 为复合数，故不能一劳永逸地选定 q，只能应用公式(13)，逐步选 q 的工作会越来越麻烦. 如选 q_1 时只需 $3\leqslant q<l, q\neq 2^r(0\leqslant r\leqslant n-1)$ 及 $(q,l)=1$ 即可求出 $f_1(x)$. 求 q_2 时，它除应满足与 q_1 相同的条件外，尚需 $q_2\neq 2^r q_1(\bmod l), 0\leqslant r\leqslant n-1$.

值得注意的另一个事实是，$f(x)=1+\sum_{k=1}^{n} C_k x^k$ 为本原的充要条件是

$$F(x)=1+\sum_{k=1}^{n} C_k x^{2^k-1}$$

为不可约. 由此可见，当 $2^{2^n-1}-1$ 为素数时，由 $f(x)$ 的本原性可推知 $F(x)$ 的本原性.

例 6 (a)已知 $1+x^2+x^5$ 为本原，而 $2^{2^5-1}-1=2^{31}-1$ 为素数，故 $1+x^3+x^{31}$ 亦为本原.

(b)已知 $1+x+x^7$ 为本原，而 $2^{2^7-1}-1=2^{127}-1$ 为素数，故 $1+x+x^{127}$ 亦为本原.

最后提一个简单且实用的事实

$$f(x)=\sum_{k=0}^{n} a_k x^k, f_1(x)=x^n f\left(\frac{1}{x}\right)=\sum_{k=0}^{n} a_{n-k} x^k$$

同为本原或否，仅系数的次序互相颠倒，故与 $f(x)$ 及 $f_1(x)$ 二者相应的 m-序列的差别仅仅是时间相位互相颠倒.

(2)不可约多项式与本原多项式的表.

Marsh(玛什)的文章①中列出了所有次数 $n\leqslant 19$ 的(二元域上的)不可约多项式;在比较容易找到的文章②中列出了(二元域上)2~16 次的所有不可约多项式和 17~34 次的部分不可约多项式的表,并逐个注明其是否为本原多项式.另外,Watson(沃森)③将次数 $n\leqslant 100$ 的本原多项式各列出一个;应用前文的方法,原则上已可找到 $n\leqslant 100$ 时的所有本原多项式.

本原三项式 $1+x^k+x^n$ 是最受注意的,因这可使 n 位移位寄存器的线性反馈逻辑最简单(只用两个抽头),因而也就最经济. 又因对应于三项式的 $\boldsymbol{B}$ 矩阵中包含的 1 很少,故在求 $\boldsymbol{C}=\boldsymbol{B}+\boldsymbol{I}$ 的零空间的基底时也更为容易;在人工计算时,不难用消去法直接解出 $\boldsymbol{C}$ 的零空间的基底(参看文章 *Algebraic coding theory*④中的 63~68 页). Zierler⑤ 给出了次数 $n\leqslant 1\ 000$ 的所有不可约三项式,其中一部分(对 2^n-1 的完全分解为已知的那些 n)已检验了本原性,并将已知为非本原的某些不可约三项式的周期(指数)l 及"指标"$(2^n-1)/l$ 列于表中. 由该表可见,并非对每一正整数 n 都存在 n 次不可约三项式(更不必说本原三项式了).是否存在次数任意高的本原三项式,以及一定次数的不可约三项式的总数如何确定等都是悬而未决的问题.

10. m-序列的频谱

用移位寄存器所产生的序列调制无线电信号时,需要知道序列的频道. 现将长度为 l 的 m-序列 $\{a_k\}$ 看作"集中"于整点 $k=0,\pm1,\pm2,\cdots$ 上且以 l 为周期的"分布"(广义函数)

$$f(t)=\sum_{k=1}^{l}a_k\delta_l(t-k)$$

其中 $\delta_l(t)$ 为以 l 为周期的 δ 泛函,则 $f(t)$ 的 Fourier(傅里叶)系数为

$$c_m=\frac{1}{l}f(t)\cdot \mathrm{e}^{-2\pi imt/l}=\frac{1}{l}\sum_{k=1}^{l}a_k\mathrm{e}^{-2\pi imk/l}$$

---

① MARSH R W. Table of irreducible polynomials over GF(2) through degree 19[M]. Washington:National Security Agency,1957.

② PETERISON W W. Error correcting codes[M]. Masschusetts:MIT Press,1961.

③ WATSON E J. Primitive polynomials (mod 2)[J]. Math. of Comp.,1962,16:368-369.

④ BERLEKAMP E R. Algebraic coding theory[M]. McGraw-Hill,1968.

⑤ ZIERLER W,BRILLHART J. On primitive trinomials (mod 2) Ⅱ[J]. Information and Control,1964,14(6):566-569.

故

$$
\begin{aligned}
|c_m|^2 &= \frac{1}{l^2}\sum_{r=1}^{l} a_r e^{2\pi i m r/l} \sum_{s=1}^{l} a_s e^{-2\pi i m s/l} \\
&= \frac{1}{l^2}\sum_{\tau=1}^{l}\left(\sum_{s=1}^{l} a_s a_{s+\tau}\right) e^{2\pi i m\tau/l} \qquad (\text{令 } r-s=\tau) \\
&= \frac{1}{l^2}\sum_{\tau=1}^{l} C(\tau) e^{2\pi i m\tau/l} \\
&= \begin{cases} [C(0)+(l-1)C(1)]/l^2, l \mid m \\ [C(0)-C(1)]/l^2, l \nmid m \end{cases} \\
&= \begin{cases} (l+1)^2/4l^2, l \mid m \\ (l+1)/4l^2, l \nmid m \end{cases}
\end{aligned}
$$

最后两个等式的推导中用到了 $1+\sum_{\tau=1}^{l-1} e^{2\pi i\tau m/l}=0(l \nmid m)$ 这个恒等式及式(10).

最后得出

$$
|c_m| = \begin{cases} (l+1)/2l, l \mid m \\ \sqrt{l+1}/2l, l \nmid m \end{cases} \tag{15}
$$

若视 $\{a_k\}$ 为方波链,则关于脉冲链的频谱公式(15)应乘以方波修正系数

$$
\frac{\sin \pi m/l}{\pi m/l} \tag{16}
$$

若 $b_k=1-2a_k$ 或 $e^{i\pi a_k}$,则 $\{b_k\}$ 为将 $\{a_k\}$ 中的 0 及 1 依次换为 1 及 -1 的 m-序列. 在考虑 $\{b_k\}$ 为脉冲链时,其频谱公式为

$$
|c'_m| = \begin{cases} 1/l, l \mid m \\ \sqrt{l+1}/l, l \nmid m \end{cases} \tag{17}
$$

若考虑 $\{b_k\}$ 为方波链时,可将 c'_m 乘以同一修正系数(16).

§3 非最长线性移位寄存器序列

若 n 位线性移位寄存器的特征多项式 $f(x)$ 并非本原的,则其所产生的序列必不是最长的,即其长度 $l<2^n-1$. 因此,非最长线性移位寄存器序列的自相关性比 m-序列要差,其主峰高度肯定较低,而其副峰高度一般又较高. 不仅如此,关于非最长序列的自相关性没有一般的办法去计算,只能对各别序列进行一一计算,而且许多初始状态都不允许出现,所以起动产生此种序列的移位寄

存器的问题也比较复杂. 总之,非最长序列的这些重大缺点使它不便于应用(可参看 Zierler 的文章①).

§4　Legendre 序列(简称 L-序列)

1. “Legendre”符号与“Jacobi 符号”

令 p 为奇素数,$(a,p)=1$,定义“Legendre(勒让德)符号”

$$\left(\frac{a}{p}\right)=\begin{cases}1, x^2=a \pmod p \text{ 有解}\\ -1, x^2=a \pmod p \text{ 无解}\end{cases} \tag{18}$$

并规定 $\left(\frac{0}{p}\right)=1$. 长度为 p 的有限序列 $\left(\frac{0}{p}\right),\left(\frac{1}{p}\right),\cdots,\left(\frac{p-1}{p}\right)$ 称为“Legendre 序列”,简称“L-序列”.

例如,当 $p=7$ 时,不难直接验证 $\left(\frac{0}{7}\right)=\left(\frac{1}{7}\right)=\left(\frac{2}{7}\right)=\left(\frac{4}{7}\right)=1$, $\left(\frac{3}{7}\right)=\left(\frac{5}{7}\right)=\left(\frac{6}{7}\right)=-1$. 故长度 $p=7$ 的 L-序列为 111-11-1-1.

已知

$$\left(\frac{a}{p}\right)=a^{(p-1)/2} \pmod p \tag{19}$$

但直接用此结果来计算 $\left(\frac{a}{p}\right)$ 并不方便. 为了便于计算出 L-序列,下面引进较“Legendre 符号”更一般的“Jacobi 符号”

设 $n>1$ 为奇数,$n=p_1p_2\cdots p_r$,p_k 皆为素因子,其中可以有相同的,并设 $(a,n)=1$. 现定义“Jacobi 符号”

$$\left(\frac{a}{n}\right)=\left(\frac{a}{p_1}\right)\left(\frac{a}{p_2}\right)\cdots\left(\frac{a}{p_r}\right) \tag{20}$$

上式中右端是 r 个“Legendre 符号”. “Jacobi 符号”具有下列特性:

(1) 若 $a=a_1 \pmod n$,则 $\left(\frac{a}{n}\right)=\left(\frac{a_1}{n}\right)$.

(2) $\left(\frac{1}{n}\right)=1$.

---

① ZIERLER W, BRILLHART J. On primitive trinomials (mod 2) Ⅱ[J]. Information and Control, 1964, 14(6): 566-569.

(3) $\left(\frac{-1}{n}\right)=(-1)^{(n-1)/2}$.

(4) $\left(\frac{ab\cdots l}{n}\right)=\left(\frac{a}{n}\right)\left(\frac{b}{n}\right)\cdots\left(\frac{l}{n}\right)$,因此$\left(\frac{ab^2}{n}\right)=\left(\frac{a}{n}\right)$.

(5) $\left(\frac{2}{n}\right)=(-1)^{(n^2-1)/8}$.

(6)若大于 1 的两个奇数 m,n 互素,则

$$\left(\frac{m}{n}\right)=(-1)^{[(m-1)/2][(n-1)/2]}\left(\frac{n}{m}\right)$$

例 7　已知 $p=383$ 为素数,求$\left(\frac{219}{383}\right)$.

解　依次应用"Jacobi 符号"的特性(6),(1),(4),(6),(1),(4),(5),(6),(1),(3),得

$$\left(\frac{219}{383}\right)=-\left(\frac{383}{219}\right)=-\left(\frac{164}{219}\right)=-\left(\frac{41}{219}\right)=-\left(\frac{219}{41}\right)=-\left(\frac{14}{41}\right)$$
$$=-\left(\frac{2}{41}\right)\left(\frac{7}{41}\right)=-\left(\frac{7}{41}\right)=-\left(\frac{41}{7}\right)=-\left(\frac{-1}{7}\right)=1$$

仿此,应用特性(1)—(6),可将$\left(\frac{0}{383}\right),\left(\frac{1}{383}\right),\cdots,\left(\frac{382}{383}\right)$一一算出,从而得到一个长度 $p=383$ 的 L–序列.

2. L–序列的伪随机性

对任意奇素数 p,其相应的 L–序列$\left(\frac{0}{p}\right),\left(\frac{1}{p}\right),\cdots,\left(\frac{p-1}{p}\right)$满足本书第 26 页的特征(1),但一般不满足特征(2). 当考虑 L–序列为以周期 p 循环重复的序列时,其自相关性与 p 有关. 每一奇数必可表示为 $4k-1$ 或 $4k+1$ 这两种形式之一. 已知 $\tau\neq 0(\mathrm{mod}\ p)$时,有

$$C(\tau)=\sum_{k=1}^{p}a_k a_{k+\tau}=\begin{cases}-1, p=-1(\mathrm{mod}\ 4)\\ 1, p=1(\mathrm{mod}\ 4), \left(\frac{\tau}{p}\right)=1\\ -3, p=1(\mathrm{mod}\ 4), \left(\frac{\tau}{p}\right)=-1\end{cases} \tag{21}$$

当 $\tau=0(\mathrm{mod}\ p)$时,$C(\tau)=p$ 是不言而喻的. 由此可见,当 $p=4k-1$ 时,L–序列满足式(9). 当 $p=4k+1$ 时,L–序列虽不满足式(9),但当相移量 $\tau\neq 0(\mathrm{mod}\ p)$时,

$C(\tau)=1$ 或 -3,这仍然相当好地满足随机特性(3)(本书第 23 页)的要求. 是否 $p=2^n-1(n>1)$ 时,与 p 相应的 L-序列也是 n 次 m-序列呢? 这仅在 $p=3,7$(即 $n=2,3$)时如此,即除 $p=3,7$ 外,其他的 $p=2^n-1(n>1)$ 所对应的 L-序列没有一个是 m-序列. 满足本书第 26 页特征(1)及式(9)的序列未必是 L-序列,它相当于组合分析中的"差集合".

对于脉冲信号的调制,需要非周期的有限序列,此时应使用式(4)所定义的非周期有限序列的自相关函数公式. 现考虑长度为 p 的 L-序列 $\{a_k\}_{k=1}^{p}$ 的循环移位 $\{a_{k+m}\}_{k=1}^{p}$,并令

$$C(m,\tau)=\sum_{k=1}^{p-\tau} a_{k+m}a_{k+m+\tau}$$

显然,对每一个奇素数 p,必存在正整数 $m_b \leqslant p-1$,使

$$b=\min_{0\leqslant m\leqslant p-1}\ \max_{1\leqslant\tau\leqslant p-1}|C(m,\tau)|=\max_{1\leqslant\tau\leqslant p-1}|C(m_b,\tau)|$$

即 $C(m_b,\tau)$ 的最大副峰高度为最小. 计算结果表明,当长度 p 越大时,b/p 就越小;粗略地说,当序列越长时其自相关性越好. 对位于 31—2 003 之间的部分素数 p(计 52 个)的计算结果如下:当 p 取 31—523 之间的 36 个素数值时,b/p 位于 0. 129 0—0. 030 8 之间;当 p 取 659—1 423 之间的 13 个素数值时,b/p 位于 0. 028 8—0. 022 5 之间;当 p 取 1 847,1 979 及 2 003 这 3 个素数值时,b/p 分别取值 0. 020 6,0. 019 7 及 0. 018 5(关于本节可参看 Mattson 的文章①).

§5　Barker 序列②及其推广

周期序列适用于调制连续波或脉冲链信号,对于脉冲信号就要用非周期有限序列了. 在前一节中已考虑过 L-序列的非周期自相关性,现在设 $\{a_k\}_{k=1}^{n}$ 为一有限序列,$a_k=\pm1$,当 $1\leqslant\tau\leqslant n-1$ 时

$$|C(\tau)|=\left|\sum_{k=1}^{n-\tau} a_k a_{k+\tau}\right|\leqslant 1 \tag{22}$$

显然,$C(0)=n$. 称满足条件(22)的序列为长度 n 的"Barker 序列",以后简称为"B-序列". 此种序列常用作通信中的同步码,即将"领示脉冲"用此种序列编码以确定信息的起止.

---

① MATTSON H F, TURYN R J, STORER J E, et al. Finite Binary Sequences[M]. Final Report, F475-1, Selvania Applied Research Laboratory, 1961.

② Barker 序列亦称最优码字,简称 B-序列.

若能找到任意长的 B-序列的话,对脉冲压缩来说当然比用非周期 L-序列更为理想. 可惜只能找到 $n=1$—5,7,11,13 这 8 种长度的 B-序列,兹将其列出如下(将 1 及-1 依次简写为+和-)

$$
\begin{gathered}
n=1,+\\
n=2,++\\
n=3,++-\\
n=4,+++-,++-+\\
n=5,+++-+\\
n=7,+++--+-\\
n=11,+++---+--+-\\
n=13,+++++--++-+-+
\end{gathered}
\tag{23}
$$

不难证明,经过以下四种变换

$$
\begin{gathered}
a_k'=(-1)^k a_k\\
a_k'=(-1)^{k+1} a_k\\
a_k'=-a_k\\
a_k'=a_{n-k+1}
\end{gathered}
\tag{24}
$$

长度为 n 的 B-序列仍变为同一长度的 B-序列,故(23)中的每一序列皆可用(24)中的变换得出另外 4 个(其中可能有相同的)B-序列. 事实上,这些就是这 8 种长度的 B-序列的全体了. Turyn① 证明了,当 n 为奇数时,只存在(23)中所列的那 6 种长度($n=1,3,5,7,11,13$)的 B-序列,其他长度的肯定不存在. 当 n 为偶数时,问题还未完全解决;由 Turyn②③ 的两篇文章及此二文所引资料得知,对偶数 $n>2$,仅当 $n=4N^2$(N 为正整数)时才可能存在长度为 n 的 B-序列,当 $2\leqslant N\leqslant 54$ 时,不存在长度 $n=4N^2$ 的 B-序列. 对 $n=2$ 和 $N=1$ 这两种情况由(23)知有解. 综合前述结果可知,现在最小的未解情况是 $N=55$,即 $n=4\cdot 55^2=12\ 100$. 是否存在长度 $n\geqslant 12\ 100$ 的 B-序列(当然是指 $4N^2$ 型的偶数)呢?

---

① TURYN R,STORER J. On binary sequences[J]. Proc. Amer. Math. Soc.,1961,12:394-399.

② TURYN R. On barker codes of even length[J]. Proc. IEEE,1963,51:1256.

③ TURYN R. Sequences with small correlation, in “Error Correcting Codes”[J]. H. B. Mann(Ed.), 1969:195-228.

是否可在定义(22)中放宽要求,例如要求副峰最大高度不超过 2,3,…,就能得到较长的序列,其主副峰高度比大大超过 13(B-序列的最佳比值)呢?对这类广义的 B-序列基本上没有一般性理论结果,只能在电子计算机上用“穷举法”逐个检验其自相关函数. 当 n 较大时,将 2^{n-2} 个(由(24)中前 3 个变换知,可设序列的前两项为+1)可能的序列逐个计算其自相关函数时很费机器时间,所以有必要采取适当措施以减少被检验序列的数量,但随着 n 的增大,计算量急剧增加,要判定有无长度 n 的广义 B-序列仍是非常困难的.

由于缺乏一般性的理论结果,Mattson① 用统计的方法估计了长度为 n,且副峰绝对高度小于或等于 ρ_{max} 时的不同序列的平均数(对 $\rho_{max}=1,2,\cdots,5$). 对这 5 种 ρ_{max} 都估计了序列长度的上界. 虽然对 $\rho_{max}=1$ 估出的上界 $N_{max}^{(1)}=13$,刚好与 B-序列的已知结果吻合,但若据此就断定该文对 $\rho_{max}=2,\cdots,5$ 的上界估值也是确切的,那将会不符合实际情况. 然而,作为一种统计估计是可以部分地表明总的趋势的,例如当 $\rho_{max}=4,5$ 时,长度上界估计值为 $N_{max}^{(4)}=109$,$N_{max}^{(5)}=162$,相应的主副峰高度比分别为 109/4=27. 25 及 162/5=32. 4,这么高的比值是很吸引人的,但若要求出哪怕是一个这样的序列(假设它存在的话),也需要花费惊人的机器时间!

§6　非线性移位寄存器序列

1. 最长非线性移位寄存器序列

若 n 位移位寄存器的反馈逻辑除模 2 加法外还允许用 Boole 代数中的“与”“或”“非”运算,就得到非线性逻辑. 此时可以出现全 0 状态,因只有在线性逻辑时由全 0 状态才一定会得到 0 输入. 因此,在非线性情况时,n 位移位寄存器所能产生的序列长度(周期)最高可达 2^n. 除最大长度较线性时增加了 1 以外,最重要的是 n 次最长非线性移位寄存器序列的总数为 $2^{2^{n-1}-n}$ 个,较线性时的 $\varphi(2^n-1)/n<2^n/n$ 有了极大的增加,这给实际应用提供了丰富得多的选择余地. 但目前对非线性问题还没有一般的处理办法,更没有线性时那样系统而有效的代数理论,因而要求出这些序列及其相应的非线性逻辑是非常困难的. 另外,已经证明,要产生 n 次最长非线性序列,必须将 n 位移位寄存器的全部 n 个抽头都用上,而且非线性逻辑的实现远不如线性时简单,这就使设备大为复

---

①　MATTSON H F, TURYN R J, STORER J E, et al. Finite Binary Sequences[M]. Final Report, F475-1, Selvania Applied Research Laboratory, 1961.

杂. 对 n 次 m-序列常常可用两个抽头（当存在 n 次本原三项式时）得到，而对每个 $n\leqslant 100$，最多利用 n 位移位寄存器的 6 个抽头即可得到 n 次 m-序列（参看 Watson 的文章①）.

n 次最长非线性移位寄存器序列的自相关函数 $C(\tau)$ 具有下列特性

$$C(0)=2^n$$
$$C(\pm 1)=C(\pm 2)=\cdots=C[\pm(n-1)]=0$$
$$C(\pm n)\neq 0 \tag{25}$$

其中 $|C(\pm n)|$ 通常很小. 对 $n\leqslant\tau\leqslant 2^n-1$，$C(\tau)$ 的特性现在尚无一般结果，只能对具体序列采用将其自相关函数一一算出来再看的“试错法”加以处理. 因此，不仅寻找最长非线性序列是困难的，而且在实际应用它时也不便于检测.

对任意 n 次 m-序列，设其线性反馈逻辑为 F，即

$$a_k=F(a_{k-1},a_{k-2},\cdots,a_{k-n})$$

则非线性反馈逻辑

$$F^*=F\oplus a_{k-1}a_{k-2}\cdots a_{k-n+1}$$

所产生的序列的长度为 2^n，其中 $a_j'=1-a_j$ 为 a_j 经“非”运算后的结果. 如此所得最长非线性序列的自相关性见(25)，其中 $C(\pm n)=-4$.

2. 用移位寄存器产生给定的周期序列

已知除长度 $p=3,7$ 外，L-序列都不是 m-序列. 是否 L-序列也可用移位寄存器来产生呢？更一般地说，对任意给定的以 T 为周期的 0,1 序列 $\{a_k\}$，是否可用移位寄存器来产生它呢？最简单的办法是用一个 T 位移位寄存器使其在输出末位内容的同时亦将其反馈到首位去. 但当 T 较大时这样做就很不经济，甚至难于实现. 通常要求用位数尽可能少而逻辑又最简单的反馈移位寄存器（一般是非线性的）来产生 $\{a_k\}$. 这首先要根据 $\{a_k\}$ 的长度 T 和 $\{a_k\}$ 中重复出现的最长符号串的长度来确定最短寄存器的位数 n；再进一步去求最简单的逻辑函数 $F(x_1,x_2,\cdots,x_n)$. F 的定义域由 2^n 个 n 维二元矢量构成，显然应有 $a_k=F(a_{k-1},a_{k-2},\cdots,a_{k-n})$ $(k=1,2,\cdots,T)$，故 F 是在 2^n-T 个点上待确定的函数. 迄今为止所讨论的反馈逻辑都是所谓的“内部逻辑”. 另一种产生 $\{a_k\}$ 的方法是先由周期 T 及关系式 $2^{n-1}<T\leqslant 2^n$ 定出 n；然后由任一个 n 次 m-序列出发，将其

① WATSON E J. Primitive polynomials (mod 2) [J]. Math. of Comp., 1962, 16: 368-369.

内部逻辑稍加修改，使其能产生一个周期为 T 的序列；最后再利用一个“外部逻辑”F 将所得序列变换成$\{a_k\}$，这里仍然要求外部逻辑是最简单的，显然这个外部逻辑函数也是部分确定的.

以上两种方法都要求先将 F 的未定值加以确定（“插值”），然后求 F 的最简单表示式. 即使 F 是完全确定的函数，要求出它的最简单表示式也是个麻烦的问题；而如何来插值，使所得的最简单表示式是所有可能的插值方案中最简单的一个，这又使计算量大为增加. 当 F 的变元数 $n\leqslant 5$ 时，可用手算解决；当 $4\leqslant n\leqslant 8$ 时，可用电子计算机来解决，已知的几个算法用起来效果差不多；对 $n\geqslant 9$ 且 F 仅有少部分值确定的情况，其计算量将大到难以在计算机上实现的程度（参看 Golomb① 的文章）.

实际上，要求寄存器的长度 n 为最短是既不必要也未必合理的；将位数适当放大一点，可使内部逻辑大为简化. 另外，绝对最简单的逻辑函数表示式一般不是必要的，针对具体情况，要求足够简单的表示式就可以了，这样就可能大大减少计算量，而所得结果仍能切合实际需要. 当然，如 §3 已述的那样，非最长移位寄存器的起动问题比较复杂，因为不是每种初始状态都允许出现.

3. 一种能快速捕获的组合序列

最后，简单介绍一种颇受注意的连续波编码测距方案，这就是将几个较短的 m-序列（所谓“分量”序列或“子码”）用非线性逻辑函数（所谓“Boole 函数”）组合成一个很长的非线性序列. 例如，若 x,y,z 为 m-序列，其长度 l_1,l_2,l_3 两两互素，则

$$w=x\oplus yz \tag{26}$$

即为此种非线性组合序列之一，其中 yz 表示 y,z 两序列的按位逻辑乘法（“与”运算）. w 的长度为 $l_1l_2l_3$. 在接收机检测时，可依次用分量 x,y,z 与回波信号相关，一旦找到相关点时立即锁定，再用下一个分量来相关，故最多相关 $l_1+l_2+l_3$ 次就可找到回波信号的相关点，从而将其“捕获”. 这比直接用长度为 $l_1l_2l_3$ 的序列去检测要快得多，因为那样最多可能要相关 $l_1l_2l_3$ 次才能捕获. 在测量宇宙飞行器或行星时，连续工作常需极长的编码序列；当接收机装置的数量有限制时，匹配滤波器已非最优的检测方案了；若用单个“相关器”来陆续运算时，因序列非常长，所以需要极长的积累时间才能确定距离. 上述用各分量来依次检

---

① GOLOMB S W et al. Digital communications with space applications [M]. Prentice-Hall, 1964.

测的方案可以克服这个矛盾. 但在用每个分量相关时,相关函数的主峰高度比合成序列 w 的主峰高度低得多,所以对回波能量未能充分利用,因而检测效率低. 有关如何选择各分量序列及相应的 Boole 函数的数量和类型,以及如何确定检测的逻辑和程序等,牵涉许多更为专门和复杂的问题,这里不能仔细介绍了(可参看 Golomb[①] 和 Titsworth[②] 的文章).

① GOLOMB S W et al. Digital communications with space applications [M]. Prentice-Hall, 1964.

② TITSWORTH R C. Optimal ranging codes[J]. IEEE Trans. on Space Electronics and Telemetry, 1964, 10:19-30.

第4章 一种新型的帧同步码组：超 Barker 码

§1 前 言

帧同步码在数字通信中有着十分重要的作用. 它的性能好坏直接影响信息传递质量. 这在深空通信中尤为突出. 目前被用作帧同步码组的有 Barker 码、伪随机码等. 而 Barker 码被公认为最佳的帧同步码. 是否还有比 Barker 码更适宜作帧同步的特殊码组呢? 上海新光电讯厂的吕大奎工程师 1981 年探讨了这个问题.

§2 假帧同步频数与 $\Phi(k)$ 函数

在数字通信中，一般在数字信息流中插入帧同步码组作为帧(一般又称群)的头尾标志. 在接收时，可从数字信息流中识别出这些帧同步码组来实现帧同步.

帧同步码组识别器由移位寄存器、线性综合网络及电平判决电路组成. 寄存器配置状态与帧同步码组相一致. 当帧同步码组全部移入寄存器时，识别器输出一个同步脉冲，称帧同步码组被检出. 设信息流是随机的、平移的二进制信息，其码元取值为"1"或"0"的概率各为 50%，因而在寄存器中的全体码元可能与寄存器的配置相符，输出一个帧同步脉冲，形成假帧同步. 这种可能性可用假帧同步概率 P_f 表示. 一帧码元逐位移过寄存器而形成的假帧同步脉冲，可以不止一个. 本章用假帧同步频数 F_f 来表述一帧码元逐位移过寄存器可能产生的假帧同步脉冲个数的数学期望值[①](将其称为假帧同步概率). P_f, F_f 是表征数字通信系统同步性能的重要标志. 下面对它们做进一步的讨论.

---

① GRUEBERG E L. Handbook of telemetry and remote control[M]. McGraw-Hill Inc., 1967.

当帧同步码组成信息流码元相继移过移位寄存器时,网络输出电平随之发生相应的变化. 当这个电平达到预置判决电平 $L=n-e$ 时(n 为帧同步码组码元数,e 为帧同步码组检出时允许的最大差错码元数,即容错数),输出一个帧同步脉冲. 由于帧同步码组和信息码移过寄存器时,使网络输出电平变化的规律是不一样的,即它们的相关特性不一样. 因而,寄存器内帧同步码元与寄存器内全是信息码所形成的假帧同步频数应分开计算. 假定 F_{fc} 为寄存器中有一个以上帧同步码元时所有可能的假帧同步频数,F_{fs} 为寄存器中全是信息码元时所有可能的假帧同步频数,则

$$F_f=F_{fc}+F_{fs} \tag{1}$$

对于平稳的、各态遍历的二进制码,当寄存器中全是信息码元时,附录 1 将证明

$$P_{fs}=\sum_{r=0}^{e}\mathrm{C}_n^r\left(\frac{1}{2}\right)^{n-r}\cdot\left(1-\frac{1}{2}\right)^r=\left(\frac{1}{2}\right)^n\sum_{r=0}^{e}\mathrm{C}_n^r \tag{2}$$

式中,P_{fs} 为寄存器中全是信息码元时可能出现假帧同步的概率;n 为帧同步码组码元数,即帧字长;e 为容错数;C_n^r 为从 n 中取 r 个码元组合的组合数.

当信息流码元每从寄存器移过一位,就有 n 个码元与寄存器相关一次,这样寄存器中 n 个全是信息码元与寄存器相关的次数为

$$S=M-2n+1 \tag{3}$$

式中 M 为一帧总码元数,即帧长. 因为信息流码元完全是随机的,它们的前后码元是彼此独立的,因而它们与寄存器的相关特性也可以看作是独立的,故而有

$$F_{fs}=S\times P_{fs}=(M-2n+1)\left(\frac{1}{2}\right)^n\sum_{r=0}^{e}\mathrm{C}_n^r \tag{4}$$

现设 $\Phi(k)$ 为第 k 位帧同步码元移入寄存器时,由帧同步码元对网络输出电平的贡献,它的数学表达式①为

$$\Phi(k)=\sum_{i=1}^{k}\overline{a_i\oplus a_{i+n-k}} \tag{5}$$

式中 a_i 为第 i 位码元,取值 1 或 0. 此处称 $\Phi(k)$ 为电流输出函数或帧同步码结构. 当第 k 位帧同步码元移入寄存器时,可能出现的假帧同步概率

① GRUEBERG E L. Handbook of telemetry and remote control[M]. McGraw-Hill Inc., 1967.

$$P_{fc_k}=\sum_{r=0}^{e} C_{n-k}^{j}\left(\frac{1}{2}\right)^{n-k} \tag{6}$$

式中 $j=r+\Phi(k)-k$. 当 $j<0$ 时,我们规定 $C_{n-k}^{j}=0$,即 $P_{fc_k}=0$. 另外,当 $j\geqslant n-k$ 时,我们规定 $P_{fc_k}=1$. 这是由于当 $j\geqslant n-k$ 时,有 $r+\Phi(k)\geqslant n$,即 $\Phi(k)$ 本身就足以形成假帧同步脉冲,故 P_{fc_k} 必然为 1.

当帧同步码组从开始移入寄存器到全部移出寄存器,由于其对称性,所有可能出现的假帧同步频数为

$$F_{fc}=2\sum_{k=1}^{n-1}P_{fc_k}=2\sum_{k=1}^{n-1}\sum_{r=0}^{e}C_{n-k}^{j}\left(\frac{1}{2}\right)^{n-k} \tag{7}$$

因此,对于有 $M,n,e,\Phi(k)$ 的数字传输系统,有

$$F_f=2\sum_{k=1}^{n-1}\sum_{r=0}^{e}C_{n-k}^{j}\left(\frac{1}{2}\right)^{n-k}+(M-2n+1)\left(\frac{1}{2}\right)^{n}\sum_{r=0}^{e}C_n^r \tag{8}$$

上式右边第一项,由于 $j=r+\Phi(k)-k$ 而与帧同步码结构密切相关,是判断帧同步码组性能的依据. 式(8)也可用惯用的自相关函数①

$$C(k)=\sum_{i=1}^{k-1}b_i\cdot b_{i+n-k}=2\Phi(k)-k \tag{9}$$

表述. 附录 3 给出了上式第二个等号的证明. 式中

$$b_i=\begin{cases}1, & \text{码元为“1”时的取值}\\ -1, & \text{码元为“0”时的取值}\end{cases}$$

故而又有

$$F_f=2\sum_{k=1}^{n-1}\sum_{r=0}^{e}C_{n-k}^{j'}\left(\frac{1}{2}\right)^{n-k}+(M-2n+1)\left(\frac{1}{2}\right)^{n}\sum_{r=0}^{e}C_n^r \tag{10}$$

式中 $j'=r+\frac{1}{2}C(k)-\frac{k}{2}$. 我们规定,在 $j'<0$ 时,$C_{n-k}^{j'}=0$,即 $P_f=0$.

§3　最佳 $\Phi(k)$ 曲线与帧同步码组性能判别

数字传输系统帧同步码组性能的好坏,主要看 3 个方面:(1)帧同步的捕获与保持时间. (2)漏帧同步概率 P_R. (3)假帧同步频数 F_f. 帧同步的捕获、保持时间在 M,n,e 得到确定之后,除了电路设计,还主要与 P_R,F_f 有关. 对于某

① 孔宪正. 数字信息传输基本原理[M]. 北京:国防工业出版社,1976:246-258.

帧同步码组的漏帧同步概率可表示为①②

$$P_R = \sum_{r=e+1}^{n} C_n^r \rho^r (1-\rho)^{n-r} = 1 - \sum_{r=0}^{e} C_n^r \rho^r (1-\rho)^{n-r} \tag{11}$$

式中 ρ 为数字传输系统误码率. 式(11)表明, P_R 只与 n, e, ρ 有关,而与帧同步码结构无关. 因而判断一组帧同步码组的性能如何,只需看它对 F_f 的影响如何. 由于式(8)等号右边第二项不包括帧同步码结构,故只要看它对 F_{fc} 的影响就可以了. 使 F_{fc} 越小的帧同步码结构,其帧同步码组性能越好.

从式(8)看到, F_{fc} 主要取决于 $j=r+\Phi(k)-k$,而 $\Phi(k)-k\leqslant 0$,且 $j<0$ 时有 $C_{n-k}^{j}=0$. 因此,对于一定的 $M, n, e, \Phi(k)$ 越小, F_{fc} 就越小. 当帧同步码结构为

$$\Phi(k)=\begin{cases} n, k=n \\ 0, 0<k<n \end{cases}$$

或

$$C(k)=\begin{cases} n, k=n \\ -k, 0<k<n \end{cases} \tag{12}$$

时,使 F_{fc} 取最小值. 这时有

$$F_{fc}=2\sum_{k=1}^{n-1}\sum_{r=0}^{e} C_{n-k}^{r-k}\left(\frac{1}{2}\right)^{n-k} \tag{13}$$

式(12)描述的 $\Phi(k)$, $C(k)$ 具有最尖锐的形状,如图 1 所示. 因而它也具有最好的容错性能. 这种帧同步码结构称为理想帧同步码结构,记为 $\Phi_0(k)$. 与它对应的 $C(k)$ 称为理想自相关函数,记为 $C_0(k)$.

遗憾的是,具有理想结构的帧同步码是不存在的. 只能寻找某种尽可能较一致地靠近 $\Phi_0(k)$ 的帧同步码组以获得较优的性能. Barker 码是以往找到的具有这种特性的码组. 它的规律是

$$C(k)=\begin{cases} n, k=n \\ +1, 0, -1, 0<k<n \end{cases}$$

或

$$\Phi(k)=\begin{cases} n, k=n \\ \dfrac{k+1}{2}, \dfrac{k}{2}, \dfrac{k-1}{2}, 0<k<n \end{cases} \tag{14}$$

---

① 樊昌信. 数字通信简述[M]. 北京:人民邮电出版社,1977:120-127.

② 孔宪正. 数字信息传输基本原理[M]. 北京:国防工业出版社,1976:246-258.

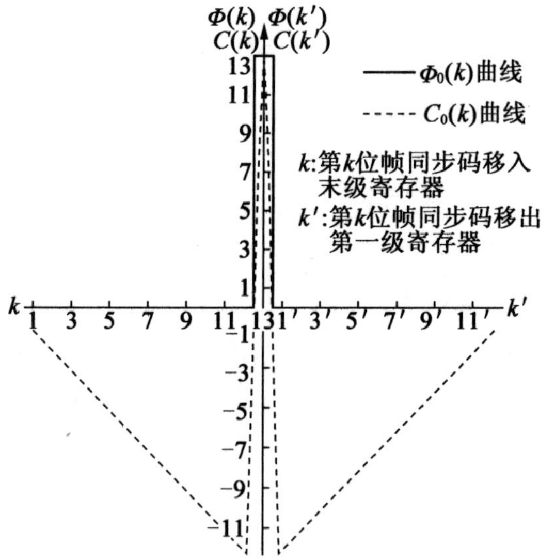

图 1　有 13 位字长的帧同步码的理想 $\Phi_0(k)$ 曲线和 $C_0(k)$ 曲线

图 2(k、k'的含义同图 1 的说明)是 Barker 码的 $\Phi(k)$,$C(k)$ 函数取值示意图. 可以看到,Barker 码具有尖锐的 $\Phi(k)$,$C(k)$ 曲线. 因而有良好的容错性能和较小的 F_{fc},很适宜作帧同步码组. 但是与 $\Phi_0(k)$,$C_0(k)$ 相比,有着较大距离. 放宽 Barker 码两曲线的下限是合理、必要且可行的. 在此基础上,加入能保证其性能优于 Barker 码的条件,就可得到一种新型的帧同步码组——SB(超贝克)码.

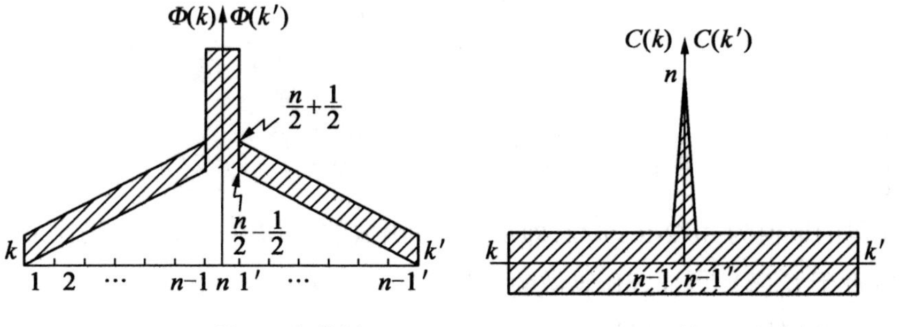

(a)Barker码Φ(k)取值区　(b)Barker码C(k)取值区

图 2　Barker 码的 $\Phi(k)$,$C(k)$ 函数取值区

§4 SB 码

若有一码组,符合如下两个条件者称为 SB 码

$$C(k)=\begin{cases}n,k=n\\-k\leqslant C(k)\leqslant+1,0<k<n\end{cases}\tag{15}$$

$$\widetilde{C}=\sum_{k=1}^{n-1}C(k)\leqslant\begin{cases}n/2,n\text{ 为偶数}\\-(n-1)/2,n\text{ 为奇数}\end{cases}\tag{16}$$

图 3(a)(b)(图中 k 和 k' 的含义同图 1 的说明)分别为 SB 码的 $\Phi(k)$, $C(k)$ 取值区示意图. 为便于比较,同时画出了 Barker 码的 $\Phi(k)$, $C(k)$ 取值区. 可以看出,SB 码的 $\Phi(k)$, $C(k)$ 取值区上界与 Barker 码的上界一致,且具有相同的锐度. 其容错性能不亚于 Barker 码, F_{fc} 也不会比 Barker 码的高. 另外,SB 码的 $\Phi(k)$, $C(k)$ 取值区比 Barker 码的宽,下限可与 $\Phi_0(k)$, $C_0(k)$ 的一致,故其 F_{fc} 比 Barker 码的低,性能更好.

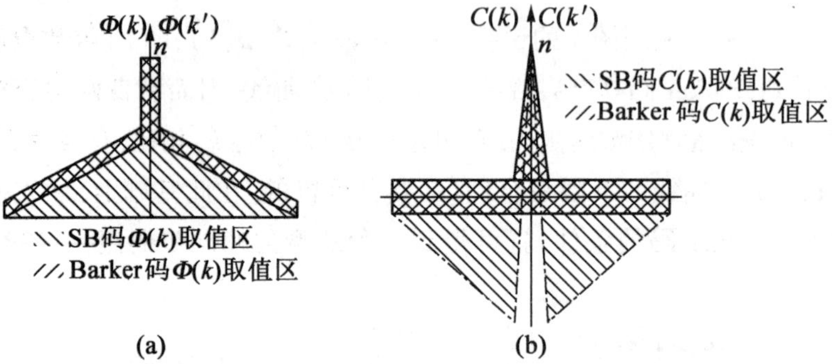

图 3 SB 码 $\Phi(k)$, $C(k)$ 函数取值区与 Barker 码 $\Phi(k)$, $C(k)$ 函数取值区的比较

此外,SB 码的 $\widetilde{C}$ 取值为 $-n/2$(n 为偶数时)或 $-(n-1)/2$(n 为奇数时),而 Barker 码的取值为 $-n/2<\widetilde{C}<n/2$,即从 $C(k)$ 函数的平均值来说,SB 码比 Barker 码更接近于 $C_0(k)$. 因而,SB 码做帧同步码组时带来的 F_{fc},比 Barker 码带来的小. 所以 SB 码比 Barker 码更接近于理想的帧同步码.

作为例子,对 13 位 SB 码组: 1111000101001 与 13 位 Barker 码: 1111100110101 的性能进行比较. 图 4 和图 5(两图中 k 和 k' 的含义同图 1 的说明)分别给出了这两种码的 $\Phi(k)$, $C(k)$ 曲线. 表 1 列出了这两种码的 F_{fc} 的比较. 读者应能从所给的图与表中,容易看出 SB 码的性能优于 Barker 码.

SB 码的另一个特点使它的生命力强于 Barker 码. 目前找到的 Barker 码只

有字长 3,4,5,7,11,13 位共 6 种,因而它的应用受到局限. 而 SB 码在字长 3~17 位内,目前找到近 30 种(表 2)可供选用,还可能找到字长更长的 SB 码. 这样,使其应用起来更为方便,在实用上 SB 码比 Barker 码更适宜做帧同步码.

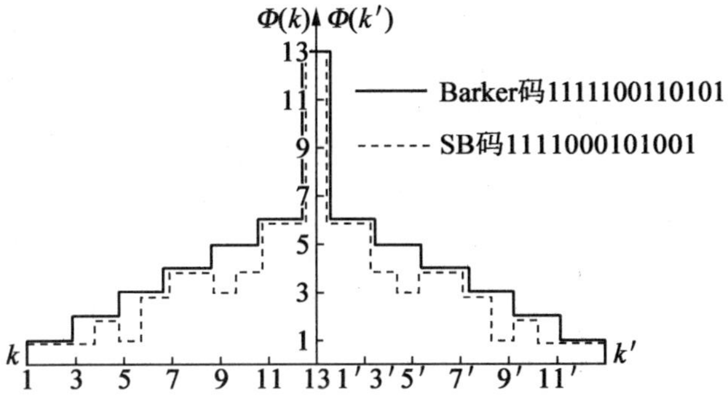

图 4　13 位 Barker 码与 13 位 SB 码 $\Phi(k)$ 值比较

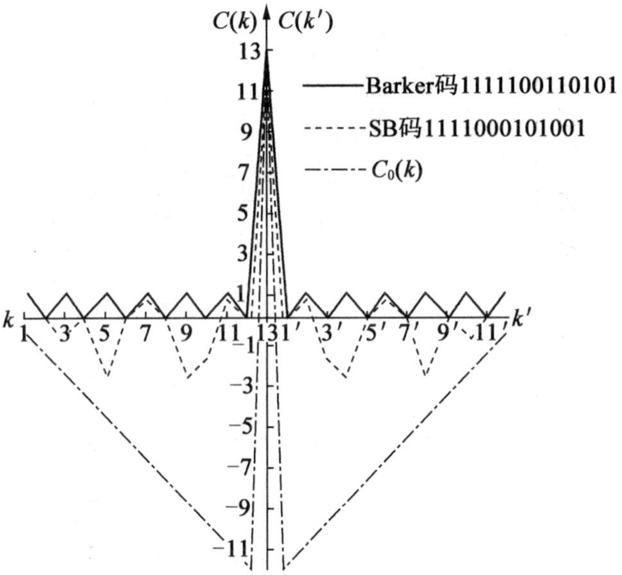

图 5　13 位 Barker 码与 13 位 SB 码 $C(k)$ 值比较

表 1　13 位 Barker 码与 13 位 SB 码的 F_{fc} 比较

容错数	码型		
	Barke 码 1111100110101	SB 码 1111000101001	$F_{fc_{BK}}/F_{fc_{SB}}\times100\%$
	假帧同步频数 F_{fc}		
$e=0$	$2\times\left(\frac{1}{2}\right)^{12}\approx4.88\times10^{-4}$	$2\times\left(\frac{1}{2}\right)^{12}\approx4.88\times10^{-4}$	100
$e=1$	$38\times\left(\frac{1}{2}\right)^{12}\approx9.28\times10^{-3}$	$30\times\left(\frac{1}{2}\right)^{12}\approx7.32\times10^{-3}$	127
$e=2$	$342\times\left(\frac{1}{2}\right)^{12}\approx9.28\times10^{-2}$	$230\times\left(\frac{1}{2}\right)^{12}\approx5.61\times10^{-2}$	149
$e=3$	$1\,954\times\left(\frac{1}{2}\right)^{12}\approx4.77\times10^{-1}$	$1\,306\times\left(\frac{1}{2}\right)^{12}\approx3.19\times10^{-1}$	150

表 2　SB 码组及对应 $\Phi(k)$，$C(k)$ 函数

码位数	码组	$\Phi(k)=\sum_{i=1}^{k}\overline{a_i \oplus a_{i+n-k}}$																$C(k)=\sum_{i=1}^{k} b_i \cdot b_{i+n-k}$																$\sum_{k=1}^{n-1} C(k)$
		1	2	3	4	5	6	7	8	9	10	11	12	13	14	15	16	1	2	3	4	5	6	7	8	9	10	11	12	13	14	15	16	
3	110	0	1															$\bar{1}$	0															−1
4	1100	0	0	2														$\bar{1}$	$\bar{2}$	1														−2
5	11010	0	1	2	1													$\bar{1}$	0	1	$\bar{2}$													−2
6	101100	0	1	2	1	2												$\bar{1}$	0	1	$\bar{2}$	$\bar{1}$												−3
	110010	0	1	2	1	2												$\bar{1}$	0	1	$\bar{2}$	$\bar{1}$												−3
7	1110010	0	1	1	2	2	3											$\bar{1}$	0	$\bar{1}$	0	$\bar{1}$	0											−3
	1110100	0	0	1	2	3	3											$\bar{1}$	$\bar{2}$	$\bar{1}$	0	1	0											−3
	1100101	1	1	1	2	2	2											1	0	$\bar{1}$	0	$\bar{1}$	$\bar{2}$											−3
8	11100010	0	1	1	2	1	3	4										$\bar{1}$	0	$\bar{1}$	0	$\bar{3}$	0	1										−4
	11001010	0	1	2	2	2	3	2										$\bar{1}$	0	1	0	$\bar{1}$	0	$\bar{3}$										−4

续表

码位数	码组	$\Phi(k)=\sum_{i=1}^{k}\overline{a_i \oplus a_{i+n-k}}$																$C(k)=\sum_{i=1}^{k} b_i \cdot b_{i+n-k}$																$\sum_{k=1}^{n-1} C(k)$
		1	2	3	4	5	6	7	8	9	10	11	12	13	14	15	16	1	2	3	4	5	6	7	8	9	10	11	12	13	14	15	16	
	11000101	1	1	1	2	1	3	3										1	0	$\bar{1}$	0	$\bar{3}$	0	$\bar{1}$										−4
9	111000101	1	1	2	1	2	1	4	4									1	0	1	$\bar{2}$	$\bar{1}$	$\bar{4}$	1	0									−4
	110011010	0	1	2	2	3	3	2	3									$\bar{1}$	0	1	0	1	0	$\bar{3}$	$\bar{2}$									−4
	100110101	1	0	2	2	3	3	3	2									1	$\bar{2}$	1	0	$\bar{3}$	0	$\bar{1}$	0									−4
10	1110001001	1	1	1	1	2	3	3	3	5								1	0	$\bar{1}$	$\bar{2}$	$\bar{1}$	0	$\bar{1}$	$\bar{2}$	1								−5
	1011010001	1	0	2	2	2	2	4	4	3								1	$\bar{2}$	1	0	$\bar{1}$	$\bar{2}$	1	0	$\bar{3}$								−5
11	11100010010	0	1	1	2	2	3	3	4	4	5							$\bar{1}$	0	$\bar{1}$	0	$\bar{1}$	0	$\bar{1}$	0	$\bar{1}$	0							−5
12	111100010010	0	1	1	1	3	2	3	3	5	5	6						$\bar{1}$	0	$\bar{1}$	$\bar{2}$	1	$\bar{2}$	$\bar{1}$	$\bar{2}$	1	0	1						−6
	110111000010	0	1	2	0	2	2	4	4	4	5	6						$\bar{1}$	0	1	$\bar{4}$	1	$\bar{2}$	1	0	$\bar{1}$	0	1						−6

续表

码位数	码组	$\Phi(k)=\sum_{i=1}^{k}\overline{a_i\oplus a_{i+n-k}}$																$C(k)=\sum_{i=1}^{k}b_i\cdot b_{i+n-k}$																$\sum_{k=1}^{n-1}C(k)$
		1	2	3	4	5	6	7	8	9	10	11	12	13	14	15	16	1	2	3	4	5	6	7	8	9	10	11	12	13	14	15	16	
13	1111000100101	1	1	2	2	1	3	2	4	3	5	6	6					1	0	1	0	$\bar{3}$	0	$\bar{3}$	0	$\bar{3}$	0	1	0					−6
	1101100001010	0	1	2	1	3	2	3	4	4	5	6	5					1	0	1	$\bar{2}$	1	$\bar{2}$	$\bar{1}$	0	$\bar{1}$	0	1	$\bar{1}$					−6
	1111000101001	1	1	1	2	1	3	4	4	3	4	6	6					1	0	$\bar{1}$	0	$\bar{3}$	0	1	0	$\bar{3}$	$\bar{2}$	1	0					−6
14	10110111000001	1	0	2	2	1	3	4	3	3	4	6	6	7				1	$\bar{2}$	1	0	$\bar{3}$	0	1	$\bar{2}$	$\bar{3}$	$\bar{2}$	1	0	1				−7
16	1111000010100110	0	1	2	2	3	3	2	4	4	5	5	4	6	7	8		$\bar{1}$	0	1	0	1	0	$\bar{3}$	0	$\bar{1}$	0	$\bar{1}$	$\bar{4}$	$\bar{1}$	0	1		−8
	1100001101101010	0	1	2	2	3	3	4	4	4	5	5	4	6	7	6		$\bar{1}$	0	1	0	1	0	1	0	$\bar{1}$	0	1	4	1	0	3		−8
17	11110001000100101	1	1	2	2	1	3	2	4	3	5	4	6	7	7	8	8	1	0	1	0	$\bar{3}$	0	$\bar{3}$	0	$\bar{3}$	0	$\bar{3}$	0	1	0	1	0	−8
	11000011001101010	0	1	2	2	3	3	4	4	3	5	6	6	7	5	6	7	1	0	1	0	1	0	1	0	$\bar{3}$	0	1	0	1	$\bar{4}$	$\bar{3}$	$\bar{2}$	−8

说明:$C(k)$栏数码上的横线表示该数为负.

附录1　关于式(2)的证明

假定有 n 位的帧同步码识别器,它的容错数为 e. 对于平稳的、各态遍历的二进制码系统,当进入识别器的 n 位码元全是信息码元时,每个码元取“1”“0”的概率均为$\frac{1}{2}$,因而每个码元与对应的寄存器不一致的概率为$\frac{1}{2}$,而相一致的概率为$\left[1-\left(\frac{1}{2}\right)\right]=\frac{1}{2}$. n 个码元中有 r 个码元与对应寄存器不一致,而其余 $n-r$ 个码元与寄存器相一致的概率属于二项式概率分布,故这个概率为 $C_n^r\left(\frac{1}{2}\right)\left(1-\frac{1}{2}\right)^{n-r}$. 由于识别器的容错数是 e,故寄存器内有 e 个以内码元与寄存器配置不一致,仍有假帧同步脉冲输出. 因而,总的假帧同步概率应是从 $0\rightarrow e$ 个码元不一致的概率之和. 故

$$P_{fs}=\sum_{r=0}^{e}C_n^r\left(\frac{1}{2}\right)^r\left(1-\frac{1}{2}\right)^{n-r}=\left(\frac{1}{2}\right)^n\sum_{r=0}^{e}C_n^r$$

附录2　关于式(6)的证明

设有 k 位帧同步码元进入识别器,则识别器中还有 $n-k$ 位信息码元,它们与对应的寄存器相符的概率是$\frac{1}{2}$. k 个帧同步码元与寄存器相关后有 $\varphi(k)$ 电平的输出. 如果识别器判决电平设置在 $n-r$ 有帧同步输出,而其他电平均无输出,那么 $n-k$ 个信息码中要有 $n-r-\Phi(k)$ 个码元与寄存器相符才行,而 $n-k-[n-r-\Phi(k)]$ 码元与寄存器不相符,对于某确定的 $n-r-\Phi(k)$ 码元相符,另外确定的 $n-k-[n-r-\Phi(k)]$ 码元不符的概率为$\left(\frac{1}{2}\right)^{n-r-\Phi(k)}\cdot\left(1-\frac{1}{2}\right)^{n-k-[n-r-\Phi(k)]}$. 如果不是确定某 $n-r-\Phi(k)$ 个,而是 $n-k$ 中任意取 $n-r-\Phi(k)$ 个,这种可能取法有 $C_{n-k}^{n-r-\Phi(k)}$ 种. 故帧同步输出概率为

$$C_{n-k}^{n-r-\Phi(k)}\cdot\left(\frac{1}{2}\right)^{n-r-\Phi(k)}\cdot\left(1-\frac{1}{2}\right)^{n-k-[n-r-\Phi(k)]}$$

如果帧同步识别器的容错数为 e,那么输出从 n 到 $n-e$ 的电平都会引起假帧同步输出,因而必须对 r 从 0 到 e 取和,故有

$$\begin{aligned}P_{fc_k}&=\sum_{r=0}^{e}C_{n-k}^{n-r-\Phi(k)}\left(\frac{1}{2}\right)^{n-r-\Phi(k)}\cdot\left(1-\frac{1}{2}\right)^{n-k-[n-r-\Phi(k)]}\\&=\sum_{r=0}^{e}C_{n-k}^{j}\left(\frac{1}{2}\right)^{n-k}\end{aligned}$$

附录 3　$C(k)=2\Phi(k)-k$ 的证明

当第 k 位帧同步码组的码元移入末级移位寄存器时,有

$$\Phi(k)=\sum_{i=1}^{k}\overline{a_i\oplus a_{i+n-k}},\quad C(k)=\sum_{i=1}^{k}b_i\cdot b_{i+n-k}$$

对于特定的第 i 位帧同步码元,它有“1”“0”两种可能状态. 该码元所在寄存器的输出配置也有“1”“0”两种可能状态. 共有四种可能状态. 为方便计,以 $\Phi(k_i)$ 表示与 i 位对应的寄存器输出,$C(k_i)$ 表示这一位码元的自相关函数值. 下面列出不同情况加以讨论.

1. 设 $a_i=1, a_{i+n-k}=1, b_i=1, b_{i+n-k}=1$,则有

$$\Phi(k_i)=\overline{1\oplus 1}=1$$
$$C(k_i)=1\times 1=1=2\times 1-1=2\Phi(k_i)-1$$

2. 设 $a_i=0, a_{i+n-k}=0, b_i=1, b_{i+n-k}=-1$,则有

$$\Phi(k_i)=\overline{0\oplus 0}=1$$
$$C(k_i)=(-1)\times(-1)=1=2\times 1-1=2\Phi(k_i)-1$$

3. 设 $a_i=1, a_{i+n-k}=0, b_i=1, b_{i+n-k}=-1$,则有

$$\Phi(k_i)=\overline{1\oplus 0}=0$$
$$C(k_i)=1\times(-1)=-1=2\times 0-1=2\Phi(k_i)-1$$

4. 设 $a_i=0, a_{i+n-k}=1, b_i=1, b_{i+n-k}=1$,则有

$$\Phi(k_i)=\overline{0\oplus 1}=0$$
$$C(k_i)=(-1)\times 1=-1=2\times 0-1=2\Phi(k_i)-1$$

对于上述四种情况,都有 $C(k_i)=2\Phi(k_i)-1$. 因而有

$$C(k)=\sum_{i=1}^{k}C(k_i)=\sum_{i=1}^{k}[2\Phi(k_i)-1]$$
$$=2\sum_{i=1}^{k}\Phi(k_i)-k=2\Phi(k)-k$$

证毕.

第5章

用 Barker 码实现的快速信道估值器

§1 前　言

随着现代军事技术的发展,各军种对短波通信的顽存能力及可靠性要求越来越高,普通的点对点通信逐渐难以满足实际应用要求,自组织、智能化短波数据网的研究日益受到重视①. 由于短波信道时变速度快,多径扩展严重等一系列问题,使短波自组织数据网的信号格式设计也不同于一般的通信网络. 研究表明,网络中各节点随机突发性地发射如图 1 所示的控制信令,实现路由-频率自适应(PFA)控制,是提高短波自组织数据网可靠性和生存能力的有效手段之一. 东南大学的顾永海、程时昕二位教授 1990 年针对短波自组织数据网 HF/AIN 的特点讨论如何利用图 1 所示信令中包含的 Barker 码快速估计短波信道冲激响应的方法.

同步头	地址与质量等级	Barker码	Barker码	Barker码	其他

信道估计用序列

图 1　短波自组织数据网 HF/AIN 信令结构

在短波自组织数据网 HF/AIN 中,控制信令主要有两大功能:

(1)完成网络的初始化.

(2)估计 HF 信道的冲激响应及其他信道参数,以便收端能高效地消除由于多径传输而造成接收信号中的码间干扰②③.

① 顾永海,程时昕. 新型智能化 HF 战术数传网 HF/AIN[J]. 军事通信技术,1989,3:8.

② GODARD D. Channel equalization using a Kalman filter for fast data transmission[J]. IBM J. Res. Develop,1974,18(3):267-273.

③ FORNEY G D. Maximum-likelihood sequence estimation of digital sequences in the presence of intersymbol interference [J]. IEEE Trans. ,1972,18(3):363-378.

本章充分运用了 Barker 序列的优良自相关特性，提出一种快速估计信道冲激响应的方法. 该方法建立估计的时间同 Kalman 自适应估值器相当①②，但运算量小于 Kalman 算法，并且不存在 Kalman 算法中的数值不稳定问题. 抗噪性能优于 Kalman 滤波法③及正交序列法 5～10 db. 本章给出了详细理论分析，计算机模拟，证明了该算法的正确性.

§2 基本原理

设：r_k 为接收端采样输出序列，W_i 为信道的冲激响应序列，I_i 为发端传送的 HF/AIN 信令，其中 Barker 序列部分为二进制 PSK 信号，n_k 为加性白 Gauss（高斯）噪声序列，均值为零，方差为 σ^2. 则有下式成立④

$$r_k = \sum_{i=-\infty}^{+\infty} I_{k-i} W_i + n_k \quad (k=0,1,2,\cdots) \tag{1}$$

在实际应用中，通常可假设信道冲激响应为有限长序列，即

$$W_i = \begin{cases} W_i, 0 \leqslant i \leqslant L-1 \\ 0, 其他 \end{cases}$$

并称 L 为信道的阶数，因而式(1)可进一步写成

$$r_k = \sum_{i=0}^{L-1} I_{k-i} W_i + n_k \quad (k=0,1,2,\cdots) \tag{2}$$

由 Barker 序列的局部自相关性可知⑤，一个长为 M 的 Barker 序列的局部自相关函数 $R_M(\tau)$ 可表示为

$$R_M(\tau) \sum_{i=1}^{M-1-\tau} I_i I_{i+\tau} = \begin{cases} M, \tau=0 \\ 0, \tau \text{ 为奇数} \\ a, \tau \text{ 为偶数} \end{cases} \tag{3}$$

$$(r=0,1,\cdots,M-1)$$

---

① GODARD D. Channel equalization using a Kalman filter for fast data transmission[J]. IBM J. Res. Develop, 1974, 18(3): 267-273.

② FORNEY G D. Maximum-likelihood sequence estimation of digital sequences in the presence of intersymbol interference [J]. IEEE Trans., 1972, 18(3): 363-378.

③ 顾永海，程时昕. 新型智能化 HF 战术数传网 HF/AIN[J]. 军事通信技术，1989，3：8.

④ FORNEY G D. Maximum-likelihood sequence estimation of digital sequences in the presence of intersymbol interference [J]. IEEE Trans., 1972, 18(3): 363-378.

⑤ 肖国镇. 伪随机序列及其应用[M]. 北京：国防工业出版社，1985.

其中

$$a=\begin{cases}+1, M=1,2,4,5,13\\ -1, M=3,7,11\end{cases}$$

由式(3)不难看出，上述非周期自相关函数 $R_M(\tau)$ 和周期性自相关函数 $R(\tau)$ 之间的关系为

$$R(\tau)=\sum_{i=0}^{M-1} I_i I_{i+\tau}=R_M(\tau)+R_M(M-\tau) \tag{4}$$

由式(3)(4)可见，当 M 为奇数时，有

$$R(\tau)=\begin{cases}M, \tau=0\\ a, 其他\end{cases} \tag{5}$$

这样，当收端接收到图 1 所示的信令，并在已获得严格同步的条件下，以长为 M 的矩形窗，从接收信令的第二个 Barker 码对应的位置开始，从接收序列 $\{r_k\}$ 中每次滑动一个样点连续截取 L 段，如图 2 所示. 进一步地，将每段分别与本地 Barker 序列进行相关运算，并记每段相关输出为 A_j，则

$$A_j=\sum_{i=1}^{M} r_{i+j-1} I_i \quad (j=1,2,\cdots,L) \tag{6}$$

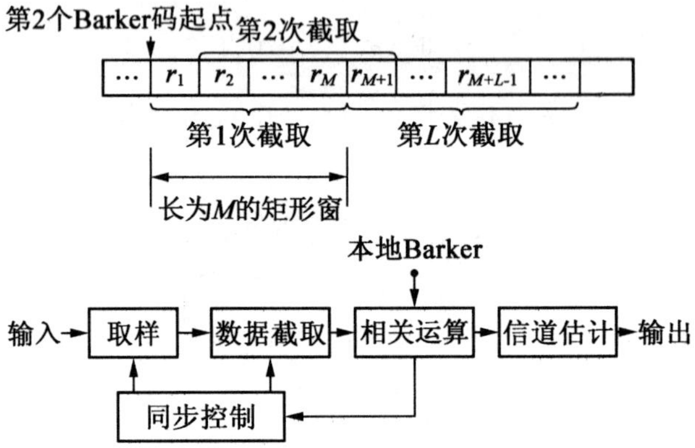

图 2　输入数据的滑动窗采集与信道估计

令 $L\leqslant M$，将式(2)代入式(6)，并写成矩阵形式，则有

$$\begin{bmatrix} r_1 & r_2 & \cdots & r_M \\ r_2 & r_3 & \cdots & r_{M+1} \\ \vdots & \vdots & & \vdots \\ r_L & r_{L+1} & \cdots & r_{M+L-1} \end{bmatrix} \begin{bmatrix} I_1 \\ I_2 \\ \vdots \\ I_M \end{bmatrix}$$

$$=\begin{bmatrix} M & a & \cdots & a \\ a & M & \cdots & a \\ \vdots & \vdots & & \vdots \\ a & a & \cdots & M \end{bmatrix}\begin{bmatrix} W_0 \\ W_1 \\ \vdots \\ W_{L-1} \end{bmatrix}+\begin{bmatrix} g_1 \\ g_2 \\ \vdots \\ g_L \end{bmatrix} \tag{7}$$

其中

$$g_k=\sum_{i=1}^{M} n_{k+i-1}\cdot I_i \quad (k=1,2,\cdots,L) \tag{8}$$

是$\{n_k\}$的线性变换，显然，$E\{g_k\}=0$，这里$E\{\cdot\}$表示求数学期望，下同. 则

$$\begin{bmatrix} r_1 & r_2 & \cdots & r_M \\ r_2 & r_3 & \cdots & r_{M+1} \\ \vdots & \vdots & & \vdots \\ r_L & r_{L+1} & \cdots & r_{L+M-1} \end{bmatrix}\begin{bmatrix} I_1 \\ I_2 \\ \vdots \\ I_M \end{bmatrix}=\left(\begin{bmatrix} M-a & & \mathbf{0} \\ & M-a & \\ \mathbf{0} & \ddots & \\ & & M-a \end{bmatrix}+\right.$$

$$\left.\begin{bmatrix} a & a & \cdots & a \\ a & a & \cdots & a \\ \vdots & \vdots & & \vdots \\ a & a & \cdots & a \end{bmatrix}\right)\begin{bmatrix} W_0 \\ W_1 \\ \vdots \\ W_{L-1} \end{bmatrix}+\begin{bmatrix} g_1 \\ g_2 \\ \vdots \\ g_L \end{bmatrix} \tag{9}$$

因此

$$A_j=(M-a)W_{j-1}+a\sum_{i=0}^{L-1} W_i+g_j \quad (j=1,2,\cdots,L) \tag{10}$$

由式(7)进行初等变换可得

$$\sum_{j=1}^{L} A_j=[M+(L-1)a]\sum_{i=0}^{L-1} W_i+\sum_{i=1}^{L} g_i \tag{11}$$

再由式(10)(11)可得

$$W_{j-1}=\frac{1}{M-a}\left[A_j-\frac{a}{M+(L-1)a}\sum_{i=1}^{L} A_i\right]=\frac{1}{M-a}\left[\frac{a}{M+(L-1)a}\sum_{i=1}^{L} g_i-g_j\right] \tag{12}$$

$$(j=1,2,\cdots,L)$$

令

$$\hat{W}_{j-1}=\frac{1}{M-a}\left[A_j-\frac{a}{M+(L-1)a}\sum_{i=1}^{L} A_i\right] \tag{13}$$

则

$$E\{W_{j-1}-\hat{W}_{j-1}\}=\frac{1}{M-a}\left[\frac{a}{M+(L-1)a}\sum_{i=1}^{L} E\{g_i\}+E\{g_j\}\right]=0$$

至此我们可知由式(13)给定的 $\hat{W}_{j-1}$ 是 W_{j-1} 的无偏估计. 从而由式(6)(13)可求出给定信道的冲激响应.

§3 估计性能分析

设实际信道为 L_0 阶,收端估计模型采用 L 阶. $L \leqslant L_0$. 由上节分析可知,用 Barker 码作为探测序列,收端只要经过 $M+L-1$ 个样点即可估计出信道冲激响应 $\hat{W}_j, j=0,1,\cdots,L-1$. Clark 的文章①指出,Kalman 自适应滤波器需要 $2M$ 点才能收敛(当滤波器为 M 节横向滤波器结构时). 可见,上述方法的估计速度同 Kalman 方法相当. 由式(12)可知,我们所提算法的估计误差方差值 V_W 为

$$V_W = E\{| W_{j-1} - \hat{W}_{j-1} |^2\} = \frac{1}{(M-a)^2} E\left\{ \left| \frac{a}{M+(L-1)a} \sum_{i=1}^{L} g_i - g_j \right|^2 \right\} \tag{14}$$

令

$$\hat{m}_g = \frac{1}{L} \sum_{i=1}^{L} g_i \tag{15}$$

为噪声序列 $\{g_i\}$ 均值的估计,代入式(14)可得

$$V_W = \frac{M\sigma^2 + P_g}{(M-a)^2} \tag{16}$$

其中

$$P_g = \left[\frac{aL}{M+(L-1)a} \right]^2 E\{\hat{m}_g^2\} - \frac{aL}{M+(L-1)a} E\{\hat{m}_g g_i^0 + \hat{m}_g^0 g_i\} \tag{17}$$

(上式中上角的"0"表示取共轭)由此可见,欲使估计误差的方差尽可能小,必须尽可能使 $P_g \to 0$,由式(15)(17)可知,必须采取如下措施之一或全部.

(1)增加估计的阶数 $L > L_0$,使得 $\hat{m}_g$ 尽可能接近 $E\{g_i\}=0$. 此时,为了给 MLSE 提供真实阶数 L_0,可设置门限 T_W,使得

$$\hat{W}_j = \begin{cases} \hat{W}_j, & |\hat{W}_j| \geqslant T_W \\ 0, & \text{其他} \end{cases}$$

(2)增加式(17)分母 $M+(L-1)a$ 的取值,即选用较大 M 或使 a 为正值.

---

① CLARK A P. Assessment of Kalman-filter channcl estimators for an HF radio link[J]. IEE Proc. ,1986,133(6):513-521.

设信号功率为 1，则信噪比 $\mathrm{SNR}=-10\lg\sigma^2$，由式(16)知，当满足上述条件时

$$-10\lg V_W \approx 20\lg(M-a)-10\lg M-\mathrm{SNR} \tag{18}$$

可见估计方差的下降量与输入信噪比 SNR 成正比关系. 图 3 和图 4 分别给出了 $L_0=1$ 及 $L_0=5,11$ 时的模拟结果，探测序列为 $M=11$ 的 Barker 码.

当 $L_0=1$ 时信道为无码间干扰模型：$W_0=1$.

当 $L_0=5$ 时采用了强码间干扰模型①

$$(W_0 W_1 W_2 W_3 W_4)=(0.227\ \ 0.460\ \ 0.688\ \ 0.460\ \ 0.227)$$

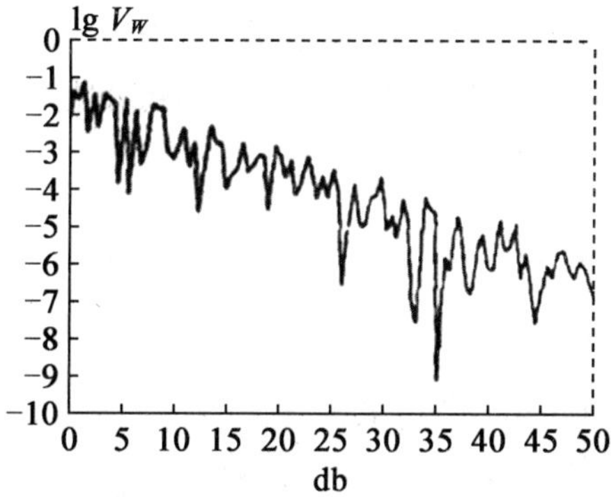

图 3　估计方差与输入信噪比关系($L_0=1$)

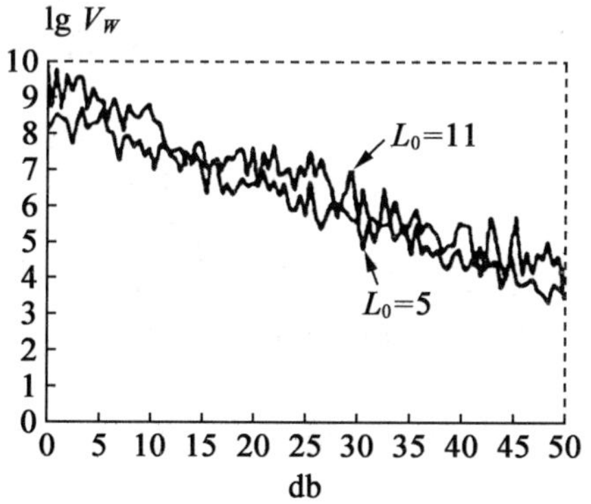

图 4　估计方差与输入信噪比关系($L_0=5,11$)

① FORNEY G D. Maximum-likelihood sequence estimation of digital sequences in the presence of intersymbol interference [J]. IEEE Trans. ,1972,18(3):363-378.

频率特性可查阅参考资料,这里不再给出. 由图 3 可见,当 $L=L_0$ 时,估计方差 V_W 波动较大,但由于此时 $M\gg L$,所以估计性能仍较为满意. 而在图 4 中,当 $L=L_0$ 时估计方差波动较小,但随 L 的增大波动越来越大. 当 $M=L$ 时估计方差的波动范围已明显变大. 可见,当 Barker 序列具有负相关边峰特性时,在 M 一定的情况,L 不宜选得太大. 通常应满足 $L_0\leqslant L\leqslant 1/2(M+1)$ 以确保估计性能的稳定. 然而,同样的信道($L_0=5$),探测序列改用 $M=13$ 的 Barker 序列时,V_W 与 SNR 的关系曲线如图 5 所示. 由于此时有 $a=1$,即使取 $L=M$ 仍可获得较稳定的估计性能,反映出较好的使用价值. 与上述理论分析完全吻合. 最后值得一提的是,图 3~图 5 中,无论 L 如何变化,V_W 与 SNR 的关系始终满足线性关系,与式(18)反映的理论结果完全一致. 也就是说,当满足 $L_0\leqslant L\leqslant M$ 时,估计模型的定阶不准确仅仅影响估计方差的稳定性,但最终的估计精度仅与 M 有关,M 越大方差越小.

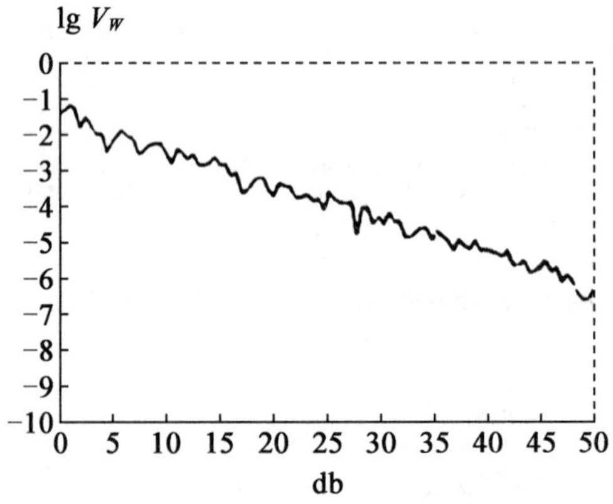

图 5　V_W 与 SNR 的关系曲线

由于 Barker 序列具有优良的局部自相关特性,因此上述算法除可快速估计信道冲激响应外,还可同时实现帧同步,这是其他算法难以做到的.

§4　结　束　语

本章详细分析了用 Barker 序列实现不变信道冲激响应快速估计的基本原理及实现性能. 结论指出,该算法具有建立时间短、运算量小、估计精度高、易于实现等优点. 结论还表明,具有正相关边峰的 $M=13$ 的 Barker 序列比其他序列更适合于该算法. 参看 Clark① 的文章不难发现,该算法的总体性能优于文献所述的方法.

最后值得一提的是,本章结论稍加修改可直接用于短波信道其他参数的估计. 另外,利用 Barker 序列作为估计探测信号的另一优点是,在完成估计的同时可利用 Barker 序列优良的局部自相关特性实现收发双方的同步控制,因篇幅有限不再赘述.

① CLARK A P. Assessment of Kalman-filter channcl estimators for an HF radio link[J]. IEE Proc. ,1986,133(6):513-521.

Barker 码的一些结论和二元码的优选问题

第6章

中国西南电子技术研究所的杨光正工程师 1995 年最终证明了不存在 $n>13$ 位的 Barker 码,并探索了二相码的解析优选法. 本章定义了一个 $\boldsymbol{Y}_n$ 矩阵,并由 $\boldsymbol{Y}_n$ 导出了二相码的重量 w、Hamming 距离 d、游程数 l 和码长 n 之间的关系式,所得关系不仅揭示出二相码各参数之间的内在联系,而且可用它来解决 Barker 码的存在性问题,从而将二相码的优选问题建立在解析的基础上.

§1 引　　言

优选二相码是一件十分艰巨的工作,Lindner 和 Cohn① 的计算机优选法不仅耗资耗时惊人,而且只能用于码长不长的情况. 分数维树选码法②虽然在搜索时间上改善了几个数量级,但可惜得到的不是最优码. 对二相码的优选问题迄今为止尚无良策.

Barker 码是最佳二相码,然而自 1953 年 Barker③ 码问世近半个世纪(指到 1995 年)以来仅找到了几个 Barker 码,是否存在 $n>13$ 位的 Barker 码? 这个难题一直困扰着学术界,到目前为止,仅得到如下结论:Storer 证明了当 n 为奇数时肯定不存在 $n>13$ 位的 Barker 码. Luenburger 进一步证明了倘若存在 $n>13$ 位的 Barker 码,则 n 必

① COHN M N, FOX M, BADEN J M. Minimum peak sidelobe pulse compression codes [A]. New York: The Record of the IEEE 1990 International Radar Conference, 1990:633-638.

② 李炳成,朱耀庭,朱光熹,等. 基于分维的二相码选码方法[C]//中国电子学会雷达专业学会,第五届学术年会论文集,1989.

③ BARKER R H. Group synchonizing of binary digital systems, in communication theory [M]. New York: Academic Press, Inc., 1953:273-287.

为完全平方数. 最后 Turyn① 指出这个完全平方数的形式应该是 $n=4t^2$,并猜测很可能不存在 $n>13$ 位的 Barker 码.

由于二相码在现代雷达、通信、遥控遥测等领域中的广泛应用,所以无论从理论或应用的角度来看,解决这两大难题都具有十分重要的意义.

§2　Y_n 矩阵和定义

设 n 阶方阵

$$M_n=[a_{ij}]_n, a_{ij}\in(0,1) \quad (i,j=1,2,\cdots,n)$$

满足条件:

(1) $a_{i(j+1)}=a_{(i+1)j}(\bmod n)$.

(2) $\sum\limits_{k=1}^{n}(a_{ik}\oplus a_{jk})=d=\text{const}, i\neq j.$

其中$\oplus$是异或运算.

对域 $f=(0,1)$, $F=(1,-1)$, 作映射 $\mu:\mu(f)\to F, \mu^{-1}(F)\to f, \mu(a_{ij})=\{c_{ij}, 1\leqslant i,j\leqslant n: c_{ij}\in F\}$. 记 $\mu(M_n)=[c_{ij}]_n=Y_n$.

不难看出 Y_n 是对称方阵,且其任一行是由前一行循环左移一位而得到的.

由 Y_n 的行向量构成的序集记为

$$C=C_i \quad (i=1,2,\cdots,n)$$

若向量 $C_i=(c_{ij})$, $C_i\subset C$, $c_{ij}\in F(j=1,2,\cdots,n)$ 是码字,则 Y_n 的逆象 M_n 是等重等距码矩阵. 本章我们不加区分地将 Y_n 也称为等重等距码矩阵.

由于映射:$0\to1, l\to-1$,故 $C_i(\subset C)$ 的重量 w 就是 C_i 中 -1 的个数. $C_i(\subset C)$ 与 $C_j(\subset C)$ 之间的 Hamming 距离 d 等于 C_i 与 C_j 逐位相比所得的异号元素(简称异元)的个数.

容易证明(从略) Y_n 有以下性质:

(1) $\sum\limits_{i=1}^{n}c_{ij}=\sum\limits_{j=1}^{n}c_{ij}$, $\sum\limits_{k=1}^{n}c_{ik}=\sum\limits_{k=1}^{n}c_{jk}$.

(2) $\frac{1}{2}\left(\sum\limits_{k=1}^{n}|c_{ik}+c_{jk}|\right)=n-d, i\neq j.$

(3) $c_{ij}=c_{\left(\frac{n}{2}+i\right)\left(\frac{n}{2}+j\right)}$, $c_{i\left(\frac{n}{2}+j\right)}=c_{\left(\frac{n}{2}+i\right)j}$, $i,j\leqslant\frac{n}{2}$, 当 n 为偶数时.

---

① TURYN R J. On Barker codes of even length[J]. Proc. IEEE, 1963,51(9):1256.

$$(4)\begin{cases} c_{ij}=c_{\left(\frac{n+1}{2}+i\right)\left(\frac{n-1}{2}+j\right)}, i\leqslant\dfrac{n-1}{2}, j\leqslant\dfrac{n+1}{2} \\ c_{i\left(\frac{n+1}{2}+j\right)}=c_{\left(\frac{n+1}{2}+i\right)j}, i,j\leqslant\dfrac{n-1}{2} \end{cases},\text{当 } n \text{ 为奇数时.}$$

定义 1 若 l 是 $\boldsymbol{C}_i(\subset C)$ 的游程数,定义 $L_s=[l/2]$ 为码 $\boldsymbol{C}_i$ 的码节数. $[*]$ 表示不超过"$*$"的最大整数.

定义 2 $\boldsymbol{C}_i(\subset C)$ 的前 l_k 个游程称为码首 C_k,最后 l_s 个游程称为码尾 C_s,中间 $l_b=l-(l_k+l_s)$ 个游程称为码身 C_b.

定义 3 $\boldsymbol{C}_i(\subset C)$ 与 $\boldsymbol{C}_j(\subset C)$ 逐位比较,$\boldsymbol{C}_i$ 中的负元与 $\boldsymbol{C}_j$ 中对应元异号的个数称为负元距离,记为 $d_D^N(i,j)$,同号的个数称为负元零距,记为 $d_D^s(i,j)$.

定义 4 最优码采用 Lindner 的定义,对最大旁瓣不超过±1 的最优码称为最佳码.

定义 5 周期性自相关函数的旁瓣恒为常数的码称为匀值旁瓣码.

§3 有关匀值旁瓣码的几个定理

引理 若 d 和 L_s 分别是 $\boldsymbol{Y}_n$ 中码字间的 Hamming 距离和码字的码节数,则必有

$$L_s=\frac{d}{2} \tag{1}$$

证明 因 $\boldsymbol{C}_{i+1}(\subset C)$ 是 $\boldsymbol{C}_i(\subset C)$ 左循环位移一位的结果,因此一个游程仅能提供一对异元. 现将 $\boldsymbol{C}_{i+1}$ 与 $\boldsymbol{C}_i$ 逐位比较,当游程总数 l 为偶数时,异元数 $d=l$;当 l 为奇数时,必有 $c_1=c_n(\in\boldsymbol{C}_i)$,因此左循环位移一位后,$l$ 个游程只能提供 $l-1$ 对异元,亦即 $d=l-1$,又因在 l 为奇数的情况下,等式$[l/2]=(l-1)/2$ 成立. 综合两种情况即得

$$L_s=\frac{d}{2}$$

证毕.

定理 1 在 $\boldsymbol{Y}_n$ 中,若 w 是码字 $\boldsymbol{C}_i$ 的重量,d 是码字之间的 Hamming 距离,则必有

$$d=\frac{2w(n-w)}{n-1} \tag{2}$$

证明 $\boldsymbol{C}_i(\subset C)$ 和 $\boldsymbol{C}_j(\subset C)$ 共有负元 $2w$ 个,$\boldsymbol{C}_i$ 与 $\boldsymbol{C}_j(i\neq j)$之间的 Hamming

距离 $d=d_D^N(i,j)+d_D^N(j,i)$，此外由定义 3 可知，重量与负元距离和负元零距之间有下列关系

$$w_i=d_D^N(i,j)+d_D^s(i,j)$$

$$w_j=d_D^N(j,i)+d_D^s(j,i)$$

由于 $d_D^s(i,j)=d_D^s(j,i)$，$w_i=w_j=w$，故将上面两式相加后可解出

$$d_D^s(i,j)=w-L_s$$

现将 $\boldsymbol{Y}_n$ 中第一列元素为 -1 的 w 行抽出来依序排成一个 $w\times n$ 阶新矩阵 $\boldsymbol{Y}'_n$. 在 $\boldsymbol{Y}'_n$ 中，除第一列外，每列都有 $w-L_s$ 个 -1.

另外，在 $\boldsymbol{Y}'_n$ 矩阵中，每行有 w 个负元，若不计 $\boldsymbol{Y}'_n$ 的第一列，则 $\boldsymbol{Y}'_n$ 中总共有 $w(w-1)$ 个负元，于是每列的负元数是 $w(w-1)/(n-1)$，二者应相等

$$w-L_s=\frac{w(w-1)}{n-1}$$

解得

$$L_s=\frac{w(n-w)}{n-1} \tag{3}$$

或

$$d=\frac{2w(n-w)}{n-1}$$

证毕.

将 $\boldsymbol{Y}_n$ 第一列中负元所在的行乘以 -1，这样得到的矩阵记为 $\boldsymbol{R}_n$.

定理 2　若 S 是 $\boldsymbol{R}_n$ 中除第一列外任一列的算术和，w 是 $\boldsymbol{Y}_n$ 中码字的重量，则必有

$$w=\frac{n\pm\sqrt{(n-1)S+n}}{2} \tag{4}$$

证明　因与 $\boldsymbol{Y}_n$ 对应的 $\boldsymbol{Y}'_n$ 中，除第一列外，每列中有 $w-L_s$ 个负元，L_s 个正元，将 $\boldsymbol{Y}'_n$ 乘 -1 后每列变成有 $w-L_s$ 个正元，L_s 个负元，故除第一列外，任一列 j 的算术和 σ_j 应为

$$\sigma_j=w-2L_s=w-d=\sigma$$

是一常数.

$\boldsymbol{R}_n$ 与 $\boldsymbol{Y}_n$ 不同之处仅在于 $\boldsymbol{R}_n$ 中每列正元增加了 σ 个，负元减少了 σ 个，故而除第一列外，$\boldsymbol{R}_n$ 中任一列 j 的算术和 S_j 应为

$$S_j=n-2w+2\sigma_j=n-2d=S \tag{5}$$

也是常数,再结合定理 1 即得

$$w=\frac{n\pm\sqrt{(n-1)S+n}}{2}$$

证毕.

推理 1 $C_i(\subset C)$的码节数 L_s 必满足关系

$$L_s=\frac{n-s}{4} \tag{6}$$

只要将式(5)代入式(1)化简即得.

推理 2 $C_1(\subset C)$是匀值旁瓣码,且其旁瓣电平等于 $n-2d$.

证明 因实域上的自相关函数具有对称性,故只需考察周期性自相关函数的半个周期即可(下文不再说明).

$C_1(\subset C)$的周期性自相关函数的右半周期是

$$\boldsymbol{Y}_n\cdot[c_{i1}]_{n\times1}=\boldsymbol{Y}_n\cdot[c_{1j}]^{\mathrm{T}}_{1\times n}=\left[\sum_{j=1}^{n}c_{1j}\cdot c_{ij}\right]_{n\times1}\quad(i=1,2,\cdots,n)$$

考虑 $\boldsymbol{Y}_n$ 的性质后,立即得出:由 $\boldsymbol{R}_n$ 每列的算术和构成的行矩阵的转置与上式相等.

$\boldsymbol{R}_n$ 第一列之和等于 n,它是 $\boldsymbol{C}_1$ 的自相关峰. 又由式(5)可知,除第一列外,任一列的和 S 恒等于常数 $n-2d$,即 $\boldsymbol{C}_1$ 是匀值旁瓣码. 证毕.

定理 3 $C_1(\subset C)$是最佳码字的必要条件是其码首长度 n_k 等于码尾长度 n_s,且其码尾至少由 $l_s=n_k-1$ 个长度为 1 的游程组成.

证明 将 $\boldsymbol{C}_1(\subset C)$和它的非周期性自相关函数写成便于分析的形式

$$[\boldsymbol{C}_1]_{1\times n}\cdot{}^{r}\boldsymbol{Y}_n=[\rho_i]_{1\times n}\quad(i=1,2,\cdots,n)$$

式中

$$\rho_i=\sum_{j=1}^{n-i+1}c_{ij}\cdot c_{ji}\quad(i=1,2,\cdots,n)$$

$$[\boldsymbol{C}_1]_{1\times n}=[c_{11}c_{12}\cdots c_{1k}\cdots c_{1n_k}\cdots c_{1(n-n_k+1)}c_{1(n-n_k+2)}\cdots c_{1n}]\quad(k=1,2,\cdots,n_k;n_k<n)$$

$${}^{r}\boldsymbol{Y}_n=\begin{bmatrix}c_{11} & c_{12} & \cdots & c_{1(n-1)} & c_{1n}\\ c_{21} & c_{22} & \cdots & c_{2n} & \\ \vdots & \vdots & \iddots & & \\ c_{(n-1)} & c_{(n-1)n} & & & \\ c_{n1} & & & & 0\end{bmatrix}$$

$'Y_n$ 是 Y_n 的左上三角矩阵.

若 C_1 是最佳码字,根据 Luenburger 的定义,其非周期自相关函数的旁瓣应为:

$$\rho_i=\begin{cases}0, i \text{ 是偶数} \\ 1(\text{或}-1), i \text{ 是大于 1 的奇数}\end{cases}, n \text{ 为奇数.}$$

$$|\rho_i|=\begin{cases}0, i \text{ 是大于 1 的奇数} \\ 1, i \text{ 是偶数}\end{cases}, n \text{ 为偶数.}$$

由于任何码 C_x 与它的 C_x^*,$\overline{C}_x$,$\overline{C}_x^*$ 都有相同的自相关函数,因而只需研究其中之一即可. 在四种情况中,我们选择码首是正元的那个码来进行研究,为此不失一般地指定 $c_{1k}=1, k=1,2,\cdots,n_k$,对此

$$\rho_i=\sum_{j=1}^{n-i+1} c_{ji} \quad (i \geqslant n-(n_k-1))$$

现作下标变换,令 $i=n-n_k+k$,则有

$$\rho_{n-n_k+k}=\sum_{j=1}^{n_k-k+1} c_{j(n-n_k+k)} \quad (k=1,2,\cdots,n_k)$$

再结合 Y_n 的性质可得

$$\begin{aligned}\rho_{n-n_k+k} &= \sum_{j=1}^{n_k-k+1} c_{(1+j-1)(n-n_k+k)} \\ &= \sum_{j=1}^{n_k-k+1} c_{1(n-n_k+k+j-1)} \quad (k=1,2,\cdots,n_k)\end{aligned}$$

可由此 n_k 个线性方程解出码尾,当 ρ_{n-n_k+k} 给定后,解是唯一的,它是由长度为 1 的 n_k 个游程组成的,由于不能肯定 $c_{1(n-n_k+1)}$ 是否是独立的游程,因此至少

$$l_s=n_k-1 \tag{7}$$

命题成立. 证毕.

定理 4 长度为 n 的双值旁瓣码① C_1,其码首长度 n_k 必满足不等式

$$n_k \leqslant \frac{n+6 \pm b}{4} \tag{8}$$

b 是某个正整数.

证明 因 $C_1=(C_k C_b C_i)=(c_1 c_2 \cdots c_n)$,其非周期自相关函数 $\rho(j)$ 是

---

① 这里所说的双值旁瓣码是指非周期自相关函数旁瓣仅有两个取值,注意:切勿与双值自相关码混淆.

$$\rho(j)=C_k\cdot C_k^*+C_b\cdot C_b^*+C_i\cdot C_i^*+C_b\cdot C_k^*+C_i\cdot C_k^*+C_i\cdot C_b^*$$
$$=\rho_{kk}(j)+\rho_{bb}(j)+\rho_{ii}(j)+\rho_{bk}(j)+\rho_{ik}(j)+\rho_{ib}(j)$$

现考察 $j=3$ 处的旁瓣,不失一般性,设 $\rho(3)=\pm b$,对于 $n_b>1,n_k>2$ 的情况,只剩下五项

$$\rho(3)=\sum_{i=1}^{n-2}c_i\cdot c_{i+2}=[\rho_{kk}(3)+\rho_{ii}(3)]+[\rho_{bb}(3)+\rho_{bk}(3)+\rho_{ib}(3)]$$

考虑到定理 3,可设 $C_k=(1^j)_{n_k}$,$C_i=((-1)^{j+1})n_k$. 由此不难算出,$\rho_{kk}(3)+\rho_{ii}(3)=2(n_k-2)$,于是有

$$2(n_k-2)+[\rho_{bb}(3)+\rho_{bk}(3)+\rho_{ib}(3)]=\pm b$$

$\rho(3)$ 共有 $n-2$ 项,其中 $\rho_{bb}(3)$ 贡献 n_b-2 项,$\rho_{ib}(3)+\rho_{bk}(3)$ 贡献 4 项,共计 n_b+2 项,欲使 C_b 最短,需要这 n_b+2 项全为-1,于是有

$$2(n_k-2)-(n_b+2)=\pm b$$
$$n_b=2n_k-6\mp b$$

多数情况下不能保证 C_b 最短,故而上式应改成不等式 $n_b\geqslant 2n_k-6\mp b$.

再考虑 $n=n_b+n_k+n_i=2n_k+n_b$. 最后得到

$$n_k\leqslant\frac{n+6\pm b}{4}$$

证毕.

对于最佳码,当 n 为偶数时,$b=0$;当 n 为奇数时,$b=1$.

§4 Barker 码存在性问题

将 $\boldsymbol{R}_n$ 满足 $S=0$ 的 $\boldsymbol{Y}_n$ 记作 $\boldsymbol{H}_n$,不难证明(从略)

$$\boldsymbol{H}_n\cdot\boldsymbol{H}_n^{\mathrm{T}}=n\boldsymbol{I}_n$$

即 $\boldsymbol{Y}_n$ 退化成 n 阶 Hadamard(哈达玛)矩阵,因此式(4)可简化成

$$w=\frac{n\pm\sqrt{n}}{2}\tag{9}$$

因已约定四种情况中只研究一种,故只取式中的负号,同理式(3)简化成

$$L_s=\frac{n}{4},d=\frac{n}{2}$$

因 w 必须是正整数,故由式(9)可知,n 必为完全平方数,又由 Hadamard 矩

阵的基本性质①可知 n 必为 4 的倍数,由此可知必有 $n=4t^2$(t 是自然数). 此结论早由 Turyn② 从其他途径获得过.

当 $\boldsymbol{Y}_n$ 是 $\boldsymbol{H}_n$ 时,每列之和

$$\sum_{k=1}^{n} c_{ik}=2(d-w)=\sqrt{n}$$

与 $\boldsymbol{Y}_n$ 对应的 $\boldsymbol{R}_n$ 每列之和(除第一列外)是 $S=0$. 由此可知,在 $\boldsymbol{Y}_n\to\boldsymbol{R}_n$ 时,要求 $\boldsymbol{Y}_n$ 中每列应增加的−1 个数 Δ^- 为

$$\Delta^-=\frac{\sqrt{n}}{2} \tag{10}$$

另外,与 $\boldsymbol{Y}_n$ 对应的 $\boldsymbol{Y}'_n$ 中,第一列与任一列 j 的 $d_D^N(1,j)=L_s=n/4$,$d_D^s(1,j)=w-L_s$,它们分别等于第 j 列的正元数和负元数. 当用−1 乘 $\boldsymbol{Y}'_n$ 后,各列的正负元全部易号,任一列 j 的负元个数与正元个数之差是 $d_D^N(1,j)-d_D^s(1,j)$,因易号前原有的负元数 $d_D^s(1,j)$ 应扣除,故净增加的负元数 Δ^- 应为

$$\Delta^-=d_D^N(1,j)-2d_D^s(1,j)=\sqrt{n}-\frac{n}{4} \tag{11}$$

式(10)与式(11)应相等

$$\sqrt{n}-\frac{n}{4}=\frac{\sqrt{n}}{2}$$

由此得

$$n(n-4)=0$$

解为 $n=0$ 和 $n=4$.

即在 $n=4t^2$ 的值域内,只存在唯一的一个 4 位的 Barker 码. 到此为止,我们可对近半个世纪悬而未决的问题下结论了:不存在 $n>13$ 的 Barker 码.

§5　最优码的解析搜索法

本节拟用实例说明解析搜索法的可行性和有效性. 在举例之前还需补充两条推理.

推理 3　长度为 n 的双值旁瓣码,其码元 c_n 必与旁瓣电平同号.

证明　因 $\rho_n=c_1\cdot c_n$,前面已指定 $c_1=1$,故必有 $\rho_n=c_n$.

---

① 胡正名,陈启浩. 矩阵方法[M]. 北京:人民邮电出版社,1984:134-137.

② TURYN R J. On Barker codes of even length[J]. Proc. IEEE, 1963,51(9):1256.

推理 4 当 $S=1$ 时，l 必为奇数.

证明 按码节的定义，每一码节中必是一个正游程后接一个负游程，若 l 是偶数，则 c_n 必是-1，这与推理 3 矛盾，所以当 $S=1$ 时，j 一定是奇数.

例 1 试在 $S=1$ 的码集中搜索最优码.

解 将 $S=1$ 代入式(4)，得

$$w=\frac{n\pm\sqrt{2n-1}}{2} \tag{12}$$

只有在 $n=5,13,\cdots$ 的情况下才能保证 w 是正整数.

(1)当 $n=5$ 时，可算出 $w=1, L_s=1, l=3, c_5=1$，考虑定理 3 后可得 $\boldsymbol{C}_1=(111-11)$，这是 5 位 Barker 码.

(2)当 $n=13$ 时，可算出 $w=4, L_s=3, l=7, c_{13}=1, n_k\leqslant 5$，根据定理 3，先写出码首、码尾，$\boldsymbol{C}_1=(11111C_b1-11-11)$，还剩一个正元、两个负元、一个码节、两个游程，仅当 $C_b=(-1-11)$时，才能满足上述全部关系. 于是 $\boldsymbol{C}_1=(11111-1-111-11-11)$，这是 13 位 Barker 码.

例 2 试在 $S=-1$ 的码集中搜索最优码.

解 将 $S=-1$ 代入式(4)得

$$w=\frac{n\pm 1}{2}$$

此式表明，正元与负元之差是 1，且 n 必为奇数，这恰好是 m-序列应满足的条件之一.

若我们希望在 $n=7$ 的码集中选出最优码，不难算出 $w=3, L_s=2, l=4, c_7=-1, n_k\leqslant 3$，于是可直接写出 $\boldsymbol{C}_1=(111-1-11-1)$，这正是 7 位 Barker 码.

仿此可从 11 位码集中搜索到 11 位 Barker 码.

搜寻二加权 Barker 码的穷举算法

第7章

§1 引　言

Barker 码是一种具有最佳非周期自相关函数的二相序列①. 在雷达、通信、遥控遥测等领域有广泛的应用②③④. 但目前找到的 Barker 码仅有 9 个(码长为 2,3,4,5,7,11 和 13). 当码长 $n>13$ 时,不存在奇数码长的 Barker 码;偶数长度的 Barker 码可能的长度 $n=4t^2(t=1,2,\cdots)$. 且当 $2\leqslant t\leqslant 54$ 时,长为 $n=4t^2$ 的偶长 Barker 码肯定不存在,并猜测很可能也不存在其他偶数码长的 Barker 码. 由于工程上的需要,对 Barker 码提出了多种扩展方法,如把二相码推广到多相码⑤⑥,一维形式推广到多维形式⑦等。燕山大学的李炳新、赵晓群,中科院软件所的蔡艳三位教授 1996 年给出了一种关于二相序列自相关函数的新定义,并在该定义的基础上定义了二加权 Barker 码,并用穷举搜寻算法得到了码长小于 30 的全部二加权 Barker 码.

---

① BARKER R H. Group synchonizing of binary digital systems, in communication theory [M]. New York: Academic Press. Inc. ,1953:273-287.

② 杰里·伊伏斯,爱德华·里迪. 现代雷达原理[M]. 卓荣邦,杨士毅,译. 北京:电子工业出版社,1991:480-517.

③ 钟义信. 伪噪声编码通信[M]. 北京:人民邮电出版社,1979.

④ TURYN R J. On Barker codes of even length[J]. Proc. IEEE, 1963,51(9):1256.

⑤ TURYN R. Four-phase Barker codes[J]. IEEE Trans Imform Theory,1974,20(3):366-371.

⑥ ZHANG N, GOLOMB S W. Sixty-phase generalized Barker sequences[J]. IEEE Trans Inform Theory, 1989,35(4):911-912.

⑦ AL-QUADDOOMI S, SCHOLTZ R A. On the nonexistence of Barker arrays and related matters[J]. IEEE Trans. Inform. Theory,1989,35(5):1048-1057.

§2 二值映射自相关函数和加权 Barker 码

现给出二值映射自相关函数的定义.

定义 1 设 $X=\{x_i\}(x_i=\pm1,i=1,2,\cdots,n)$ 是码长为 n 的二相序列，则非周期二值映射自相关函数的定义为

$$R_x(j)=\sum_{i=1}^{n-j}f(x_ix_{i+j}),f(1)=a>0,f(-1)=-b\leqslant0$$

根据定义 1，二加权 Barker 码定义如下：

定义 2 设 $X=\{x_i\}(x_i=\pm1,i=1,2,\cdots,n)$ 是码长为 n 的二相序列，其非周期二值映射自相关函数若满足

$$R_x(j)=na\quad(j=0)$$

$$|R_x(j)|\leqslant a\quad(j=1,2,\cdots,n-1)$$

则称序列 X 是二值映射相关 Barker 码，简称二加权 Barker 码，记为 (X,a,b)，其中 a 和 b 称为加权值.

由定义 2 可知，当序列 X 是二加权 Barker 码时，序列 X 逐位取反后得到的序列 $\overline{X}$(称为补码)，序列 X 逆转后得到的序列 X'(称为镜码)，以及序列 X 逐位取反后再逆转得到的序列 $\overline{X}'$(称为镜补码)，其二值映射自相关函数不变. 因此，$\overline{X}$,X'和 $\overline{X}'$皆为二加权 Barker 码，且加权值不变.

§3 二加权 Barker 码存在的条件

根据二值映射自相关函数的定义，有

$$\begin{aligned}R_x(j)&=\sum_{i=1}^{n-j}f(x_ix_{i+j})=f(x_1x_{1+j})+f(x_2x_{2+j})+\cdots+f(x_{n-j}x_n)\\&=l_ja-m_jb\end{aligned}$$

其中，a,b 为加权值，l_j 为 $x_ix_{i+j}=1$ 的数目，m_j 为 $x_ix_{i+j}=-1$ 的数目.

为了处理简单，将加权值 a,b 归一化. 令 $a=1,b=x$. 于是有

$$R_x(j)=l_j-m_jx\quad(j=0,1,\cdots,n-1;l_j+m_j=n-j)$$

根据定义 2，对于序列 $X=\{x_i\}$，若不等式 $|R_x(j)|=|l_j-m_jx|\leqslant1\ (j=1,2,\cdots,n-1)$ 有解，则 X 是二加权 Barker 码.

设一元一次不等式组 $|l_j-m_jx|\leqslant1(j=1,2,\cdots,n-1)$ 的第 j 个不等式的解集为 A_j，则不等式组的解集 A 为

$$A=A_1\cap A_2\cap\cdots\cap A_{n-1}$$

若 $A\neq\varnothing$,则不等式组有解. 因此,搜索码长为 n 的二加权 Barker 码,即是在所有码长为 n 的二相序列 $X_i(i=0,1,2,\cdots,2^n-1)$ 中寻找使不等式组 $|l_j-m_jx|\leqslant 1$ 有解的序列 X.

对于某些序列 X,若存在 x,使不等式组 $|l_j-m_jx|\leqslant s(s<1)$ 成立,且最大副峰值 s 取得最小,则称 x 是最佳加权值.

§4　搜索二加权 Barker 码的穷举算法

根据二加权 Barker 码的存在条件,穷举搜索算法的步骤如下(码长为 n):

(1)令 $i=2^{n-1}$.

(2)令二相序列 $X=X_i=\{i$ 的二进制形式、序列中的-1 元用 0 表示$\}$,计算 X_i 的镜码 X_i'和镜补码 $\overline{X}_i'$.

(3)若 $X_i'<X_i$ 或 $\overline{X}_i'<X_i$(按二进制进行比较)则转到第(10)步;否则执行下一步.

(4)令 $x\in A=[-a,a]$(a 是足够大的正实数,比如 100). 令 $j=1$.

(5)计算 X_i 的 l_j,m_j.

(6)解不等式 $|l_j-m_jx|\leqslant 1$,解集为:

若 $m_j=0$ 且 $l_j\leqslant 1$,则 $x\in A_j=\mathbf{R}$,$\mathbf{R}$ 是实数集.

若 $m_j=0$ 且 $l_j>1$,则 $x\in A_j=\varnothing$,$\varnothing$是空集.

若 $m_j\neq 0$,则 $x\in A_j=[(l_j-1)/m_j,(l_j+1)/m_j]$.

(7)令 $A=A\cap A_j$,若 $A\neq\varnothing$,$j=j+1$,则转到第(8)步;若 $A=\varnothing$,说明 X_i 不是二加权 Barker 码,则转到第(10)步.

(8)当 $j\leqslant n-1$ 时,则转到第(5)步,否则执行下一步.

(9)若 $A\neq\varnothing$. 则 X_i 是二加权 Barker 码,存贮该结果,否则说明其不是 Barker 码.

(10)$i=i+1$. 若 $i\leqslant 2^n-1$,则转到第(2)步,否则结束.

由于此算法搜索的是二加权 Barker 码. 已不同于 Lindner 的文章[①]所提出的穷举搜索最佳二相序列的算法. 但算法的复杂度仍是 $O(2^n)$. 用C语言编程,

---

① LINDNER J. Binary sequences up to length 40 with best possible autocorrelation function[J]. Electron Lett,1975,11(21):507.

使用本算法搜索了码长为 2～30 的全部二加权 Barker 码,其结果现列于表 1. 其中码长为 14～30 时,不存在二加权 Barker 码.

表 1　二值最佳加权 Barker 码

n	$\{x_i\}(i=1,2,\cdots,n)$	a,b	主副峰比
2	1 1	1,任意	2
2	-1 1	1,≤1	≥1
3	1 -1 1	1,0.5	3
3	1 1 -1	1,0.5	6
4	1 -1 -1 1	1,0.5	4
4	1 1 -1 1	1,1	4
4	1 1 1 -1	1,1	4
5	1 -1 -1 -1 1	1,0.5	5
5	1 1 1 -1 1	1,1	5
6	1 1 1 1 -1 1	1,2	6
7	1 1 -1 -1 1 -1 1	1,0.5	7
7	1 1 1 -1 -1 1 -1	1,0.75	9.33
11	1 1 1 -1 -1 -1 1 -1 -1 1 -1	1,0.83	13.2
13	1 1 1 1 1 -1 -1 1 1 -1 1 -1 1	1,1	13

§5　结　　论

(1)本算法有效地搜索了码长为 2～30 之间的二加权 Barker 码. 验证了二加权 Barker 码的存在.

(2)此算法不仅可以搜索二加权 Barker 码,而且还可以搜索二值映射相关意义下的最佳二相序列. 其方法是求解不等式组 $|l_j-m_jx|\leqslant s$,s 是所希望的最大副峰值.

关于偶长 Barker 码的研究

第8章

§1 引　言

秦皇岛燕山大学的赵晓群、李炳新,北京市中创悟得信息产业公司的王东三位教授 1997 年采用改变相关函数的方法介绍了一种二相序列多值加权相关 Barker 码,并找出了长度为 6,8,10 的偶数长度二相 Barker 码. 由于这种码序列仍然是二相序列,因此,在实际工程应用中可以使用已经十分成熟的各种二进制数字信号处理方法进行处理,便于工程实现.

§2 二相序列非周期相关函数

设 $X=\{x_i\}(x_i=\pm 1, i=1,2,\cdots,n)$ 是有限长度二相序列,则序列 X 的非周期自相关函数为

$$R_{\mathrm{I}}(j)=\sum_{i=1}^{n-j} x_i x_{i+j} \tag{1}$$

这种非周期自相关函数的定义方法是目前研究二相序列中最通用的一种方法①②③,Barker 码就是在式(1)相关意义下满足下列条件的码序列④⑤⑥⑦⑧

① BARKER R H. Group synchonizing of binary digital systems, in communication theory [M]. New York: Academic Press, Inc., 1953:273-287.

② 杰里·伊伏斯,爱德华·里迪. 现代雷达原理[M]. 卓荣邦,杨士毅,译. 北京:电子工业出版社,1991:480-517.

③ 钟义信. 伪噪声编码通信[M]. 北京:人民邮电出版社,1979.

④ BARKER R H. Group synchonizing of binary digital systems, in communication theory [M]. New York: Academic Press, Inc., 1953:273-287.

⑤ 杰里·伊伏斯,爱德华·里迪. 现代雷达原理[M]. 卓荣邦,杨士毅,译. 北京:电子工业出版社,1991:480-517.

⑥ 钟义信. 伪噪声编码通信[M]. 北京:人民邮电出版社,1979.

⑦ 肖国镇,梁传甲,王育民. 伪随机序列及应用[M]. 北京:国防工业出版社,1985.

⑧ TURYN R J. On Barker codes of even length[J]. Proc IEEE, 1963, 51(9):1256.

$$R_{\mathrm{I}}(j)=\begin{cases}n,j=0\\ \pm1,j\neq0\end{cases} \tag{2}$$

这样的 Barker 码很少,偶数长度的码仅有 $n=2$(序列为 1,1 或 1,−1)和 $n=4$(序列为 1,1,1,−1 或 1,1,−1,1),共四种,其他偶数长度的 Barker 码还未找到.

为探索新型二相 Barker 码的存在,下面引入加权相关函数的概念,定义二值加权非周期自相关函数为

$$R_{\mathrm{II}}(j)=\sum_{i=1}^{n-j}f(x_i x_{i-j}),f(1)=a>0,f(-1)=-b\leqslant0 \tag{3}$$

定义三值加权非周期自相关函数为

$$R_{\mathrm{II}}(j)=\sum_{i=1}^{n-j}F(x_i x_{i-j}) \tag{4}$$

其中

$$F(1\cdot1)=F[(-1)\cdot(-1)]=a>0$$
$$F[1\cdot(-1)]=-b,F[(-1)\cdot1]=-c$$

比较式(1)(3)(4),可以得出结论:当 $b=c$ 时,式(4)的三值加权非周期自相关函数退化为式(3)的二值加权非周期自相关函数;当 $a=b=1$ 时,式(3)的二值加权非周期自相关函数退化为式(1)的经典非周期自相关函数(即不加权的相关函数).由于上述相关函数定义的包含关系,有可能在二值加权和三值加权非周期相关意义下找到性能更好的序列.

§3 加权 Barker 码

定义 1(二值加权 Barker 码) 设 $X=\{x_i\}(x_i=\pm1,i=1,2,\cdots,n)$ 为有限长度的二相序列,当 $0\leqslant j\leqslant n-1$ 时,它的二值加权非周期自相关函数 $R_{\mathrm{II}}(j)=\sum_{i=1}^{n-j}f(x_i x_{i-j})$ 满足:(1)当 $j=0$ 时,$R_{\mathrm{II}}(0)=na$,(2)当 $j\neq0$ 时,$|R_{\mathrm{II}}(j)|\leqslant a$,则称该序列为二值加权非周期相关 Barker 码,简称二值加权 Barker 码,记为 (X,a,b),其中 a 和 b 为加权值.

可以验证 6 长序列(1,1,1,1,−1,1)在加权值 $a=1$ 和 $b=2$ 时为一个二值加权 Barker 码,相关函数如表 1 所示,其旁瓣平均值为 0,均方值为 4/5.这个序列是新发现的加权 Barker 码(经典相关意义下不存在长为 6 的 Barker 码).经计算机穷举搜索表明,当长度为 $6<n\leqslant30$ 时,不存在其他的偶长二值加权

Barker 码，当码长大于 25 时，是否存在这种 Barker 码，还有待于进一步研究.

表 1　6 长二值加权 Barker 码相关函数

j	0	1	2	3	4	5
$R_{\mathrm{I}}(j)$	6	−1	1	0	−1	1

定义 2(三值加权 Barker 码)　设 $X=\{x_i\}(x_i=\pm1, i=1,2,\cdots,n)$ 为有限长度的二相序列，当 $0\leqslant j\leqslant n-1$ 时，它的三值加权非周期自相关函数 $R_{\mathrm{II}}(j)=\sum_{i=1}^{n-j}F(x_ix_{i+j})$ 满足：(1) 当 $j=0$ 时，$R_{\mathrm{II}}(0)=na$，(2) 当 $j\neq0$ 时，$|R_{\mathrm{II}}(j)|\leqslant a$，则称该序列为三值加权非周期相关 Barker 码，简称三值加权 Barker 码，记为 (X,a,b,c)，其中 a,b 和 c 为加权值.

经计算机穷举搜索(搜索码长为 6~25)得到偶长度大于 5 的三值加权 Barker 码(表 2). 表 2 中同时还给出了旁瓣平均值和均方值以及旁瓣电平. 表 2 中除 5 号序列外，其余三值加权 Barker 码在经典相关意义下和二值加权相关意义下均不是 Barker 码. 目前还不清楚是否存在码长大于 25 的三值加权 Barker 码.

表 2　三值加权 Barker 码

序号	长度	序列	最佳加权值 a,b,c	最大副峰	副峰平均值	副峰均方值	主副比	旁瓣电平(db)
1	6	1010 01	1,1,0	1	1/5	1	6	15. 56
2	6	1100 10	1,1,−1	1	1/5	3/5	6	15. 56
3	6	1101 01	1,2,−1	1	0	4/5	6	15. 56
4	6	1110 01	1,0,2	1	3/5	1	6	15. 56
5	6	1111 01	1,2,2	1	0	4/5	6	15. 56
6	8	1011 0001	1,1,0	1	0	9/14	8	18. 06
7	8	1011 1001	1,2,−1	1	1/7	5/7	8	18. 06
8	8	1100 0101	1,1,0	1	3/7	5/7	8	18. 06
9	8	1100 1010	1,1,0	1	1/7	5/7	8	18. 06
10	8	1110 0101	1,1,0	1	3/7	5/7	8	18. 06
11	8	1110 1001	1,1,0	1	2/7	6/7	8	18. 06
12	10	1110 0010 01	1,0,2	1	4/9	8/9	10	20

说明：表中码长为 6,8,10，序列 0 元映射−1 元.

§4 结　　论

(1)二值加权相关和三值加权相关的概念用于二相 Barker 码的研究是有意义的,可以得到新的 Barker 码.

(2)这种研究方法可应用于一般的二相序列研究,有可能改善序列的性能.

(3)也可以定义二值加权和三值加权周期相关函数,用于研究周期相关序列或阵列,以提高这些序列的性能,可满足通信工程(如码分多址通信、扩频通信等)的需要.

二值映射相关 Barker 码研究

第9章

§1 引　　言

由前文知，我们提出了许多扩展 Barker 码的方法，如将二相 Barker 码推广到多相 Barker 码①②，将一维形式的 Barker 码推广到多维形式的 Barker 码③等. 但是，这些做法都是在经典的离散序列非周期自相关函数的相关意义下，对序列或阵列进行讨论的，这就限制了 Barker 码的存在空间. 哈尔滨工业大学的赵晓群、贾世楼，北京电子科技学院的王仲文，燕山大学的李炳新四位教授 1998 年以映射的观点重新定义了离散序列的自相关函数，以此来研究 Barker 码，并得出了部分有意义的结果.

§2　二相序列非周期相关函数

以往在研究最佳二相序列时，相关函数定义如下：

定义 1　设 $X=\{x_i\}\ (i=0,1,\cdots,n-1)$ 是有限长度二相序列，则序列 X 的非周期自相关函数为 $C'(j)=\sum_{i=0}^{n-j-1} x_i x_{i+j}$.

在定义 1 的相关意义下，已得到大量的最佳非周期相关二相序

① TURYN R J. Four-phase Barker codes [J]. IEEE Trans. Inform. Theory, 1974, 20(3): 366-371.

② ZHANG N, GOLOMB S W. Sixty-phase generalized Barker sequences [J]. IEEE Trans. Inform. Theory, 1989, 35(4): 911-912.

③ AL-QUADDOMMI S, SCHOLTZ R A. On the nonexistence of Barker arrays and related matters [J]. IEEE Trans. Inform. Theory, 1989, 35(5): 1048-1057.

列和多相序列[①②③],但也存在许多限制条件,为此,本书重新定义相关函数如下:

定义 2(二值映射自相关函数) 设 $X=\{x_i\}(i=0,1,\cdots,n-1)$ 是取值为±1的有限长度二相序列,则序列 X 的非周期二值映射自相关函数为 $C(j)=\sum_{i=0}^{n-j-1} f(x_i x_{x+j})$,其中 $f(1)=a>0, f(-1)=-b\leqslant 0$.

在定义 2 中,令 $f(1)=1, f(-1)=-1$,则定义 2 的二值映射自相关函数退化为定义 1 的自相关函数. 可见,定义 2 的相关函数是定义 1 的推广,且在定义 2 中,参数 a 和 b 是可变的. 因此,当给定一个序列后,可以通过合理选择参数 a 和 b,使序列具有更佳的相关性能.

在工程应用中,实现二值映射相关函数的运算要比经典的相关函数的运算复杂,且有些已有的计算相关函数的方法可能不适于计算二值映射相关函数. 但由于微处理器技术的发展,利用单片计算机实现二值映射相关函数的运算是一种比较好的途径.

§3 加权 Barker 码

在定义 1 的自相关函数意义下,Barker 码的定义如下[④]:

定义 3 设 $X=\{x_i\}(x_i=\pm 1; i=0,1,\cdots,n-1)$ 为有限长度的二相序列,当 $0\leqslant j\leqslant n-1$ 时,它的非周期自相关函数满足

$$C'(j)=\sum_{i=0}^{n-j-1} x_i x_{i+j}=\begin{cases} n, j=0 \\ 0,\pm 1, j=1,2,\cdots,n-1 \end{cases}$$

称该序列为 Barker 码,或 Barker 序列.

在定义 3 的意义下仅找到少数几个 Barker 码(表 1[⑤]),本章称为经典 Barker 码,其主副峰比为序列长度 n. 如果以主副峰比不小于序列长度来定义 Barker 码,则可在二值映射相关意义下定义 Barker 码.

---

① TURYN R J. Four-phase Barker codes[J]. IEEE Trans. Inform. Theory, 1974, 20(3): 366-371.

② ZHANG N, GOLOMB S W. Sixty-phase generalized Barker sequences[J]. IEEE Trans. Inform. Theory, 1989, 35(4):911-912.

③ 斯维尔德利克. 最佳离散信号[M]. 郭桂蓉,译. 北京:电子工业出版社,1984.

④ 钟义信. 伪噪声编码通信[M]. 北京:人民邮电出版社,1979.

⑤ 钟义信. 伪噪声编码通信[M]. 北京:人民邮电出版社,1979.

表 1　经典 Barker 码及自相关函数表

序号	码长	序列	$C(j)\ (j=0,1,\cdots,n-1)$
1	2	11	2,1
2	2	10	2,−1
3	3	110	3,0,−1
4	4	1101	4,−1,0,1
5	4	1110	4,1,0,−1
6	5	1110 1	5,0,1,0,1
7	7	1110 010	7,0,−1,0,−1,0,−1
8	11	1110 0010 010	11,0,−1,0,−1,0,−1,0,−1,0,−1
9	13	1111 1001 1010 1	13,0,1,0,1,0,1,0,1,0,1,0,1

说明:元素“1”表示相应码元为“1”,元素“0”表示相应码元为“−1”,下同.

定义 4　设 $X=\{x_i\}\ (x_i=\pm1;i=0,1,\cdots,n-1)$ 为有限长度的二相序列,当 $0\leqslant j\leqslant n-1$ 时,它的非周期二值映射自相关函数 $C(j)=\sum\limits_{i=0}^{n-j-1}f(x_ix_{i+j})$ 满足:(1)当 $j=0$ 时,$C(0)=na$,(2)当 $j\neq0$ 时,$|C(j)|\leqslant a$,称该序列为二值映射相关 Barker 码,简称二值加权 Barker 码,记为(X,a,b). a 和 b 为加权值.

在定义 4 中,当 $a=b=1$ 时,则退化为定义 3 的 Barker 码,因此,表 1 中的 Barker 码是定义 4 下二值加权 Barker 码的特例.

二值加权 Barker 码是在定义 2 的二值映射自相关函数的相关意义下定义的,因为 a 和 b 可选,故二值加权 Barker 码的加权值并不一定是唯一的,在讨论二值加权 Barker 码时应指明码序列以及加权值 a 和 b. 对一已知的二值加权 Barker 码(X,a,b),必存在有最大的主副峰比的一组加权值 a 和 b. 为此给出如下定义:

定义 5　使二值加权 Barker 码(X,a,b)取最大的主副峰比的一组加权值记为 a'和 b',则称码(X,a',b')为最佳加权 Barker 码.

用计算机穷举搜索并优化得到了长度在 13 以内的全部最佳加权 Barker 码,如表 2 所示(表中不含补码、镜码、镜补码,其加权值经归一化处理后,a 恒为 1). 计算机搜索还表明不存在长度大于 13、小于 31 的二值加权 Barker 码.

表 2　二值最佳加权 Barker 码、加权值及其自相关函数表

序号	码长	序列	最佳加权值 a,b	自相关函数 $C_x(j)(j=0,1,\cdots,n-1)$	主副峰比
1	2	11*	1,任意	2,1	2
2	2	10*	1,≤1	2,$-b$	
3	3	101	1,1/2	3,−1,1	3
4	3	110*	1,1/2	3,1/2,−1/2	6
5	4	1001	1,1/2	4,0,−1,1	4
6	4	1101*	1,1	4,−1,0,1	4
7	4	1110*	1,1	4,1,0,−1	4
8	5	1000 1	1,1/2	5,1,0,−1,1	5
9	5	1110 1*	1,1	5,0,1,0,1	5
10	6	1111 01	1,2	6,−1,1,0,−1,1	6
11	7	1100 101	1,1/2	7,0,1/2,1,0,1/2,1	7
12	7	1110 010*	1,3/4	7,3/4,−1/4,1/2,−1/2,1/4,−3/4	28/3
13	11	1110 0010 010*	1,5/6	11,5/6,−1/6,2/3,1/3,1/2,−1/2,1/3,−2/3,1/6,−5/6	13. 2
14	13	1111 1001 1010 1*	1,1	13,0,1,0,1,0,1,0,1,0,1,0,1	13

说明:标记“ * ”号的码字还是经典 Barker 码.

§4　结果分析

比较表 1 和表 2 知,二值加权 Barker 码共找出 14 个码字,比表 1 的码字多 5 个,序列长度为 3,4,5,7 时各增加 1 个码字,且发现了一个 6 长的二值加权 Barker 码. 二值加权 Barker 码的加权值不是唯一的,表 2 给出的加权值是最佳加权值,且最佳加权值也不唯一. 但是选用不同的加权值,可改变序列自相关函数的副峰的分布和副峰的平均值及均方值,在工程应用时可按系统的特性要求灵活选用.

比较表 1 和表 2 还可以发现,在已发现的 Barker 码(表 1)中,有些码字经加权处理(见表 2 中的码),其主副峰比可以增大. 例如长度为 7 的 Barker 码序列 111−1−11−1,当 $a=b=1$ 时,主副峰比为 7,当 $a=1,b=0.75$ 时,主副峰比增加到 28/3=9. 33,增加了 2. 33 db;再如长度为 11 的 Barker 码序列,当 $a=1,b=1.2$ 时,主副峰比增加了 1. 57 db. 可见,对已有的 Barker 码经加权处理后可改善码的性能,这一点在提高脉冲压缩雷达、声呐和通信等系统的性能方面有重要意义. 关于搜寻二值加权 Barker 码的方法及选取加权值 a 和 b 的问题可参见李炳新[①]和赵晓群[②]等人的文章.

§5　结　论

(1)将二值映射相关概念用于 Barker 码研究,进而得到二相序列、二相阵列的研究是有意义的.

(2)在映射相关意义下增加了最佳码序列的存在范围.

(3)现有的最佳码序列经加权处理后可提高其性能.

---

① 李炳新,赵晓群,蔡艳.搜寻二加权 Barker 码的穷举算法[J].东北重型机械学院学报,1996,20(3):234-237.

② 赵晓群,李炳新,贾世楼,等.11 位 Barker 码性能研究[J].系统工程与电子技术,1997,19(6):56-58,61.

搜索三加权 Barker 码的穷举算法

第 10 章

§1 引言

由前文知,由于工程上的需要,对 Barker 码提出了多种扩展方法,如把二相码推广到多相码[①②],一维形式推广到多维形式[③]. 赵晓群[④]等人的文章提出了一种自相关函数的新定义,依据此定义,燕山大学的李炳新、王志荣、赵晓群三位教授 1999 年给出了穷举搜索新定义下 Barker 码的算法,得到了码长小于 26 的全部三加权 Barker 码.

§2 三值映射自相关函数和三加权 Barker 码

定义 1[⑤] 设 $X=\{x_i\}$ $(x_i\in(\alpha,\beta), i=1,\cdots,n)$ 是码长为 n 的二相序列,则非周期三值映射自相关函数为

$$R_{\mathrm{III}}(j)=\sum_{i=1}^{n-j}F(x_i x_{i+j})$$

其中 $F(\alpha\alpha)=F(\beta\beta)=a>0$, $F(\alpha\beta)=-b$, $F(\beta\alpha)=-c$, a,b,c 是实数.

① TURYN R J. Four-phase Barker codes[J]. IEEE Trans. Inform. Theory, 1974, 20(3): 366-371.

② ZHANG N, GOLOMB S W. Sixty-phase generalized Barker sequences[J]. IEEE Trans. Inform. Theory, 1989, 35(4): 911-912.

③ AL-QUADDOOMI S, SCHOLTZ R A. On the nonexistence of Burker arrays and related matters[J]. IEEE Trans. Inform. Theory, 1989, 35(5): 1048-1057.

④ 赵晓群,李炳新,王仲文,等. 三值映射相关 Barker 码研究[J]. 东北重型机械学院学报,1997,21(1):50-57.

⑤ 赵晓群,李炳新,王仲文,等. 三值映射相关 Barker 码研究[J]. 东北重型机械学院学报,1997,21(1):50-57.

在定义 1 中,令 $\alpha=1,\beta=-1$;当 $b=c$ 时,三值映射自相关函数退化为二值映射自相关函数①,进一步,当 $a=b=c=1$ 时,则退化为原有的非周期自相关函数.

根据定义 1,三加权 Barker 码定义如下:

定义 2　设 $X=\{x_i\}(x_i\in\{\alpha,\beta\},i=1,\cdots,n)$ 是码长为 n 的二相序列,当 $0\leqslant j\leqslant n-1$ 时,其非周期三值映射自相关函数 $R_{\text{Ⅲ}}(j)$ 满足:(1) 当 $j=0$ 时,$R_{\text{Ⅲ}}(0)=na$,(2) 当 $0\leqslant j\leqslant n-1$ 时,$|R_{\text{Ⅲ}}(j)|\leqslant a$,则称该序列为三值映射相关 Barker 码,简称三加权 Barker 码,记为 $X(a,b,c)$. 若令 $b=c$,则称其为二加权 Barker 码.

§3　三加权 Barker 码的存在条件

根据三值映射自相关函数的定义

$$
\begin{aligned}
R_{\text{Ⅲ}}(j)&=\sum_{i=1}^{n-j}F(x_ix_{i+j})=F(x_1x_{1+j})+F(x_2x_{2+j})+\cdots+F(x_{n-j}x_n)\\
&=l_ja-m_jb-k_jc
\end{aligned}
$$

式中,a,b,c 为加权值,l_j 为和式中 $F(\alpha\alpha)+F(\beta\beta)$ 的数目,m_j 为和式中 $F(\alpha\beta)$ 的数目,k_j 为和式中 $F(\beta\alpha)$ 的数目.

为了简化,可对加权值 a,b,c 归一化,即令 $a=1,b=x,c=y$,所以

$$R_{\text{Ⅲ}}(j)=l_j-m_jx-k_jy\quad(j=0,1,\cdots,n-1)$$

根据三加权 Barker 码的定义,对于序列 X,若不等式组 $|R_{\text{Ⅲ}}(j)|=|l_j-m_jx-k_jy|\leqslant 1(j=1,\cdots,n-1)$ 有解,则 X 是三加权 Barker 码.

对于二元一次不等式组 $|l_j-m_jx-k_jy|\leqslant 1(j=1,\cdots,n-1)$,设第 j 个不等式的解集为 A_j,则不等式组的解集为

$$A=A_1\cap A_2\cap\cdots\cap A_j\cap\cdots\cap A_{n-1}$$

若 $A\neq\varnothing$,则不等式组有解. 因此,搜索码长为 n 的三加权 Barker 码,即是在所有码长为 n 的二相序列 $X_i(i=1,\cdots,2^n)$ 中寻找使不等式组 $|l_j-m_jx-k_jy|\leqslant 1(j=1,\cdots,n-1)$ 有解的序列 X.

对于某些序列 X,存在 x,y,使不等式组 $|l_j-m_jx-k_jy|\leqslant s<1(j=1,\cdots,n-1)$ 成立,且 s(最大副峰)最小,则 x,y 为最佳加权值.

---

①　赵晓群,李炳新,王仲文,等. 三值映射相关 Barker 码研究[J]. 东北重型机械学院学报,1997,21(1):50-57.

由于第 j 个不等式 $|l_j-m_jx-k_jy|\leqslant 1$ 是二元的，其解集是两平行线 $m_jx+k_jy-l_j=-1$ 与 $m_jx+k_jy-l_j=1$ 之间的条形区域. 不等式组 $|l_j-m_jx-k_jy|\leqslant 1(j=1,\cdots,n-1)$ 的解集是全部 $n-1$ 个条形区域的交集，是一个多边形区域. 若此多边形存在，则不等式组有解，否则无解. 当然，此多边形也可能退化为线段或点.

§4 搜索三加权 Barker 码的穷举算法

穷举搜索算法的具体步骤如下(码长为 n)：

(1)令 $i=2^{n-1}$.

(2)令二相序列 $X=X_j=\{i$ 的二进制形式，序列中的-1 元用 0 表示$\}$，计算 X_j 的镜码 X_i'和镜补码 $\overline{X_i'}$.

(3)若 $X_i'<X_i$ 或 $\overline{X_i'}<X_i$(按二进制比较)，则转到第(10)步；否则执行下一步.

(4)令 $A=R^2$(R^2 是实平面)，$j=1$.

(5)计算 X_i 的 l_j,m_i,k_j.

(6)解不等式 $|l_j-m_jx-k_jy|\leqslant 1$，解集为：

若 $m_j=k_j=0$，且 $l_j>1$，则 $A_j=\varnothing$，$\varnothing$是空集.

若 $m_j=k_j=0$，且 $l_j\leqslant 1$，则 $A_j=R^2$，R^2 是实平面.

若 $m_j\neq 0$，或 $k_j\neq 0$，或 $m_j\neq 0,k_j\neq 0$，则 A_j 是平行线 $m_jx+k_jy-l_j=-1$ 与 $m_jx+k_jy-l_j=1$ 之间的条形带.

(7)令 $A=A\cap A_j$，若 $A\neq\varnothing$，$j=j+1$，则转到第(8)步；若 $A=\varnothing$，说明 X_i 不是三加权 Barker 码，则转到第(10)步.

(8)当 $j\leqslant n-1$，则转到第(5)步；否则执行下一步.

(9)X_i 是三加权 Barker 码，存储结果.

(10)$i=i+1$，若 $i\leqslant 2^n-1$，则转到第(2)步；否则结束.

由于搜索三加权 Barker 码，本穷举算法已不同于李炳新①等人的文章所提出的穷举搜索二加权 Barker 码的算法，算法复杂度随码长 n 指数增长. 通过计算机搜索，得到了码长从 2～26 之间的全部三加权 Barker 码，部分结果列在了表 1.

---

① 李炳新，赵晓群. 搜索二加权 Barker 码的穷举算法[J]. 东北重型机械学院学报，1996,20(3):234-237.

§5 结 论

(1)本算法有效地搜索了码长从 2~26 之间的三加权 Barker 码，验证了三加权 Barker 码的存在.

(2)此算法不仅可以搜索三加权 Barker 码，而且可以搜索三值映射相关意义下的最佳二相序列，其方法是求解不等式组 $|l_j-m_jx-k_jy|\leqslant s(j=1,\cdots,n-1)$，$s$ 是所希望的最大副峰值.

表 1 部分最佳三加权 Barker 码

长度	序列	最佳加权值 a,b,c	主副峰比
5	11-11-1	1,1,0	5
6	11-11-11	1,2,-1	6
7	1-111-1-11	1,2,-1	7
7	111-1-11-1	1,2/3,1	10. 5
8	1-1111-1-11	1,2,-1	8
8	11-1-11-11-1	1,1,0	8
10	111-1-1-11-1-11	1,0,2	10
11	111-1-1-11-1-11-1	1,2/3,4/3	16. 5
13	111111-1-111-11-1	1,1,2	13

关于二值和三值加权 Barker 码的一个结论

第11章

§1 引 言

二元 Barker 码是一种最佳非周期离散信号，在通信、雷达等工程中有广泛应用，但数量很少[①②]. 赵晓群[③④⑤⑥⑦⑧]等人将二元序列非周期相关函数推广为二值映射相关函数和三值映射相关函数，进而定义了新的二元 Barker 码：二值加权和三值加权 Barker 码，用计算机搜索得到了部分码字. 河北工业大学电气信息学院的贾志成、王志刚、赵晓群三位教授 2000 年给出这两种新的 Barker 码一种等价关系.

§2 序列的非周期映射相关函数

定义 1[⑨]（非周期二值映射相关函数） 设 $x=\{x_i\}$ $(i=1,2,\cdots,N)$ 是取值为±1 的有限长度二元序列，则序列 x 的非周期二值映射自相关函数为

① 钟义信. 伪噪声编码通信[M]. 北京：人民邮电出版社，1979.

② 肖国镇，梁传甲，王育民. 伪随机序列及其应用[M]. 北京：国防工业出版社，1985.

③ 赵晓群，李炳新，贾世楼，等. 11 位 Barker 码性能研究[J]. 系统工程与电子技术，1997，19(6)：56-58，61.

④ 赵晓群，李炳新，贾世楼，等. 二值映射相关 Barker 码研究[J]. 通信学报，1998，19(8)：87-90.

⑤ 赵晓群，李炳新，王东. 偶长 Barker 码研究[J]. 遥测遥控，1997，18(1)：23-26.

⑥ 赵晓群，李炳新，王仲文，等. 三值映射相关 Barker 码研究[J]. 东北重型机械学院学报，1997，21(1)：50-54.

⑦ 李炳新，赵晓群，蔡艳. 搜寻二加权 Barker 码的穷举算法[J]. 东北重型机械学院学报，1996，20(3)：234-237.

⑧ 赵晓群. 阵列偶和加权二元序列理论的研究[D]. 哈尔滨：哈尔滨工业大学，1998.

⑨ 赵晓群，李炳新，贾世楼，等. 二值映射相关 Barker 码研究[J]. 通信学报，1998，19(8)：87-90.

$$C_x^{(\mathrm{II})}(j)=\begin{cases}\sum_{i=1}^{N-j} f(x_i x_{i+j}), 0 \leqslant j \leqslant N-1 \\ \sum_{i=0}^{N+j} f(x_{j-i} x_j), -N+1 \leqslant j<0 \\ 0, |j| \geqslant N\end{cases}$$

其中 $f(1)=a>0, f(-1)=-b<0; a, b$ 是实数.

定义 2[①]（非周期三值映射相关函数）　设 $x=\{x_i\}(x_i \in\{\alpha, \beta\}, i=1,2, \cdots, N)$ 是有限长度的二元序列，则序列 x 的非周期三值映射自相关函数为

$$C_x^{(\mathrm{III})}(j)=\begin{cases}\sum_{i=1}^{N-j} F(x_i x_{i+j}), 0 \leqslant j \leqslant N-1 \\ \sum_{i=0}^{N+j} f(x_{j-i} x_j), -N+1 \leqslant j<0 \\ 0, |j| \geqslant N\end{cases}$$

其中，$F(\alpha\alpha)=F(\beta\beta)=a>0, F(\alpha\beta)=-b, F(\beta\alpha)=-c; a, b, c$ 是实数.

若令 $f(1)=1, f(-1)=-1$，则定义 1 的非周期二值映射相关函数退化为一般意义上的非周期相关函数. 因此，二元序列非周期二值映射相关函数是普通二元序列非周期相关函数的推广.

若令 $\alpha=1, \beta=-1, b=c$，则定义 2 的二元序列的非周期三值映射相关函数就退化为定义 1 的二元序列的非周期二值映射相关函数. 因此，定义 2 是定义 1 的推广，而一般二元序列非周期相关函数是本章引入的二元序列映射相关函数的特例.

§3　加权 Barker 码定义

1. 二值加权 Barker 码定义

基于二元序列非周期二值映射相关函数的概念（定义 1），引入二值映射相关 Barker 码的定义.

定义 3[②]　设 $x=\{x_i\}(x_i=\pm 1, i=1,2, \cdots, N)$ 为有限长度的二元序列，当 $0 \leqslant$

---

①　赵晓群，李炳新，王仲文，等. 三值映射相关 Barker 码研究[J]. 东北重型机械学院学报，1997，21(1)：50-54.

②　赵晓群，李炳新，贾世楼，等. 二值映射相关 Barker 码研究[J]. 通信学报，1998，19(8)：87-90.

$j \leqslant N-1$ 时,它的非周期二值映射自相关函数满足:(1)当 $j=0$ 时,$C_x^{(\mathrm{II})}(0)=Na$,(2)当 $j \neq 0$ 时,$|C_x^{(\mathrm{II})}(j)| \leqslant a$,称该序列为二值映射相关 Barker 码,简称二值加权 Barker 码,记为 (x,a,b),其中 a 和 b 为加权值.

当 $a=b=1$ 时,定义 3 的二值映射相关 Barker 码退化为经典的 Barker 码,目前已知这样的经典 Barker 码只有 9 个[①②]. 赵晓群[③④]等人用计算机穷举搜索、优化得到了长度在 13 以内的全部最佳二值加权 Barker 码. 计算机搜索还表明,不存在长度大于 13、小于 30 的二值加权 Barker 码.

2. 三值加权 Barker 码定义

在定义 2 二元序列非周期三值映射相关函数的概念基础上,可引入三值映射相关 Barker 码的定义.

定义 4 设 $x=\{x_i\}(x_i, y_i \in \{\alpha,\beta\}, i=1,2,\cdots,N)$ 是有限长度的二元序列,当 $0 \leqslant j \leqslant N-1$ 时,它的非周期三值映射自相关函数满足:(1)当 $j=0$ 时,$C_x^{(\mathrm{III})}(0)=Na$,(2)当 $j \neq 0$ 时,$|C_x^{(\mathrm{III})}(j)| \leqslant a$,称该序列为三值映射相关 Barker 码,简称三值加权 Barker 码,记为 (x,a,b,c),其中,a,b,c 为加权值.

若令 $b=c$,定义 4 的三值加权 Barker 码则退化为二值加权 Barker 码;若令 $a=b=c$,定义 4 的三值加权 Barker 码则退化为经典的 Barker 码,因此,全部已知的 9 个经典 Barker 码和赵晓群[⑤⑥]等人给出的二值加权 Barker 码是定义 4 下三值加权 Barker 码的特例.

§4 加权 Barker 码的等价性及三值加权 Barker 码的新定义

三值加权 Barker 码的存在性等价于二值加权 Barker 码的存在性,下面的定理给出了这一结论.

定理 二元序列 x 是三值加权 Barker 码的充分必要条件是该序列是二值加权 Barker 码.

---

① 钟义信. 伪噪声编码通信[M]. 北京:人民邮电出版社,1979.

② 肖国镇,梁传甲,王育民. 伪随机序列及其应用[M]. 北京:国防工业出版社,1985.

③ 赵晓群,李炳新,贾世楼,等. 二值映射相关 Barker 码研究[J]. 通信学报,1998,19(8):87-90.

④ 赵晓群. 阵列偶和加权二元序列理论的研究[D]. 哈尔滨:哈尔滨工业大学,1998.

⑤ 赵晓群,李炳新,贾世楼,等. 二值映射相关 Barker 码研究[J]. 通信学报,1998,19(8):87-90.

⑥ 赵晓群. 阵列偶和加权二元序列理论的研究[D]. 哈尔滨:哈尔滨工业大学,1998.

证明　显然,二值加权 Barker 码是三值加权 Barker 码;下面证明三值加权 Barker 码也等价于二值加权 Barker 码,这样就证明了该定理成立. 设序列 x 是三值加权 Barker 码,序列 x 的三值映射自相关函数为 $C_x^{(\mathrm{III})}(j)$,在 $C_x^{(\mathrm{III})}(j)$ 中,加权值为 a,$-b$ 和 $-c$ 的元的个数分别为 A_j,B_j 和 C_j,则有

$$C_x^{(\mathrm{III})}(j)=A_ja-B_jb-C_jc \quad (j=0,1,2,\cdots,N-1)$$

$$C_x^{(\mathrm{III})}(-j)=A_ja-C_jb-B_jc \quad (j=0,-1,-2,\cdots,-N+1)$$

因为序列 x 是三值加权 Barker 码,则必有

$$\begin{cases}-a\leqslant A_ja-B_jb-C_jc\leqslant a\\ -a\leqslant A_ja-C_jb-B_jc\leqslant a\end{cases}\quad (j=1,2,\cdots,N-1)$$

将这两个不等式相加,得

$$-a\leqslant A_ja-(B_j+C_j)\frac{b+c}{2}\leqslant a \quad (j=1,2,\cdots,N-1)$$

上式表明,序列 x 的二值映射自相关函数满足二值加权 Barker 码的条件,故序列 x 是二值加权 Barker 码.

例如,序列 1110010 是一个 7 长经典 Barker 码,同时也是二值加权 Barker 码,最佳加权值是 $a=1$,$b=0.75$,主副峰比为 28/3;如果令 $a=1$,$b=m$,$c=0.75-m$,则序列 1110010 还是一个三值加权 Barker 码. 实际上,上述定理说明用三值映射相关函数来处理二元序列并不会使序列的性能优于二值加权序列,定义 4 意义下的三值加权 Barker 码就是定义 3 意义下的全部二值加权 Barker 码,只是加权值的选取灵活一点. 对三值映射相关函数(定义 2)做如下修改:可增加三值加权 Barker 码的数量,所付出的代价是增加了计算三值映射相关函数的难度.

定义 5(第二种非周期三值映射相关函数)　设 $x=\{x_i\}$,$y=\{y_i\}$ $(x_i,y_i\in\{\alpha,\beta\},i=1,2,\cdots,N)$ 是有限长度的二元序列,则序列 x 的非周期三值映射自相关函数为

$$C_x^{(\mathrm{III})}(j)=\begin{cases}\sum\limits_{i=1}^{N-j}F(x_ix_{i+j}),0\leqslant j\leqslant N-1\\ \sum\limits_{i=0}^{N+j}F(x_jx_{j-i}),\ -N+1\leqslant j<0\\ 0,\ |j|\geqslant N\end{cases}$$

其中,$F(\alpha\alpha)=F(\beta\beta)=a>0$,$F(\alpha\beta)=-b$,$F(\beta\alpha)=-c$,$a,b,c$ 是实数.

比较定义 2 和定义 5 知,这两个三值映射相关函数定义之间的差别是当

$-N+1\leqslant j<0$ 时,定义式中的函数 $F(\cdot)$ 的两个变量变换了位置.

在定义 5 的三值映射自相关函数的相关意义下,也可以定义三值加权 Barker 码,其定义参见定义 4,仅是三值映射自相关函数的意义有变化. 现主要研究后一种三值加权 Barker 码,在不引起混淆的情况下,三值加权 Barker 码一词特指后一种码.

赵晓群①②等人用计算机穷举搜索得到了长度在 13 以内的全部最佳三值加权 Barker 码. 计算机搜索还表明不存在长度大于 13、小于 26 的三值加权 Barker 码. 统计结果表明,三值加权 Barker 码共计 30 个,比二值加权 Barker 码(共 14 个)多 16 个,比经典 Barker 码多 21 个,且发现长度为 6,8 和 10 的 Barker 码共计 12 个,这些码字的发现可为工程应用提供更多的选择余地.

---

① 赵晓群,李炳新,王仲文,等. 三值映射相关 Barker 码研究[J]. 东北重型机械学院学报,1997,21(1):50-54.

② 赵晓群. 阵列偶和加权二元序列理论的研究[D]. 哈尔滨:哈尔滨工业大学,1998.

第12章 线性调频-Barker码雷达信号的分析与处理

在雷达系统中,线性调频(LFM)信号和二相编码(BC)信号是广为采用的脉冲压缩信号. 它们具有各自的特点. 徐庆①等人给出了一类新型脉冲压缩雷达信号,这类信号既同时具有线性调频信号与二相编码信号的优点,又能弥补各自的不足,为雷达波形抗侦察、抗干扰提供了一种新的途径. 电子科技大学电子工程学院的马银玲、田忠两位教授2005年以线性调频-Barker码,$P=13$为例,对这类雷达信号进行分析,从该混合信号的时域表达式出发,经过推导及理论计算得到相关结论. 理论分析表明所得结论与计算机仿真模拟所得的结果完全一致. 通过该混合信号的模糊函数,阐明了对这类混合雷达信号进行数字处理的机理,并给出了它的处理框图.

§1 LFM-Barker码雷达信号及其频谱分析

LFM-BC雷达信号是把宽脉冲分成若干个子脉冲,在子脉冲间进行相位编码,在子脉冲内进行线性调频而成的一类混合信号. LFM-Barker码信号是其中的一种.

LFM-Barker码信号时域表达式可以写成

$$u(t)=u_1(t)\otimes u_2(t) \tag{1}$$

其中:

$\otimes$表示求线性卷积.

$u_1(t)=v(t)\cdot \mathrm{rect}(t/T)\,\mathrm{e}^{j\pi kt^2}/\sqrt{T}$为线性调频信号的时域表达式.

① 徐庆,徐继麟. 线性调频-二相编码雷达信号分析[J]. 系统工程与电子技术,2000,22(12):7-8.

$u_2(t)=\sum_{m=0}^{P-1} C_m\delta(t-mT)/\sqrt{P}$ 为 Barker 码信号的时域表达式.

式中:$v(t)=\begin{cases}1/\sqrt{T},0<t<T\\0,\text{其他}\end{cases}$,$T$ 为子脉冲的宽度,P 为码长,C_m 为 13 位 Barker 码的二进制序列,$k=B/T$,B 为 LFM 信号的带宽.

由式(1)及 Fourier 变换的性质可以得到,LFM-Barker 码信号的频谱应为 LFM 信号与 13 位 Barker 码信号频谱的乘积. $u_2(t)$ 经 Fourier 变换得到 $U_2(f)$

$$U_2(f)=\frac{\sum_{m=0}^{P-1} C_m e^{-j2\pi fmT}}{\sqrt{P}} \tag{2}$$

所以,LFM-Barker 码信号在$[-B/2,B/2]$频率范围内的频谱为

$$U(f)=U_1(f)\cdot U_2(f)=U_1(f)\cdot\frac{\sum_{m=0}^{P-1} C_m e^{-j2\pi fmT}}{\sqrt{P}} \tag{3}$$

于是,信号的功率谱的表达式可以写成

$$|U(f)|^2=|U_1(f)|^2\cdot|U_2(f)|^2 \tag{4}$$

其中

$$\begin{aligned}|U_2(f)|^2&=U_2(f)\cdot U_2^*(f)\\&=\frac{1}{P}\left[\sum_{k=0}^{P-1} C_k e^{-j2\pi fkT}\right]\left[\sum_{i=0}^{P-1} C_i e^{j2\pi fiT}\right]\\&=\frac{1}{P}\left[\sum_{i=0}^{P-1} C_i^2+\sum_{i\neq k}\sum C_iC_k e^{j2\pi f(i-k)T}\right]\\&=\frac{1}{P}\left[P+2\sum_{m=0}^{P-1} x_b(m)\cos 2\pi fmT\right]\end{aligned}$$

式中 $x_b(m)=\sum_{k=0}^{P-1-m} C_kC_{k+m}$,表示二元伪随机序列的非周期自相关函数. 通常伪随机序列具有性质①

$$x_b(m)=\sum_{k=0}^{P-1-m} C_kC_{k+m}=\begin{cases}P,m=0\\a\ll P,m=1,2,\cdots,P-1\end{cases}$$

所以有

① 林茂庸,柯有安. 雷达信号理论[M]. 北京:国防工业出版社,1984:161.

$$|U_2(f)|^2 = \frac{1}{P}\left[P + 2\sum_{m=1}^{P-1} x_b(m)\cos 2\pi fmT\right] \approx 1$$

由此可得

$$|U(f)|^2 = |U_1(f)|^2 \cdot |U_2(f)|^2 \approx |U_1(f)|^2 \tag{5}$$

式(3)和(5)表明该混合信号的频谱主要取决于子脉冲的频谱 $U_1(f)$. $U_2(f) = \sum_{m=0}^{P-1} C_m e^{-j2\pi fmT}$ 的作用与所采用码的形式有关,以 $P=13$ 为例,因为 13 位 Barker 码序列具有良好的非周期自相关特性,则混合信号的功率谱与 LFM 子脉冲的功率谱基本相同.

用 MATLAB① 软件对以上分析过程进行仿真,仿真结果如图 1~4 所示. 图中所取参数分别为:信号的带宽 $B=30$ MHz,信号的周期 $T=4$ μs,采样频率 $f_s=150$ MHz.

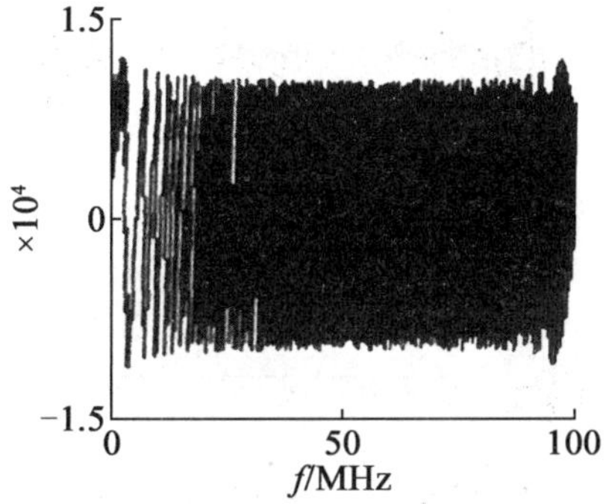

图 1　LFM 子脉冲的频谱

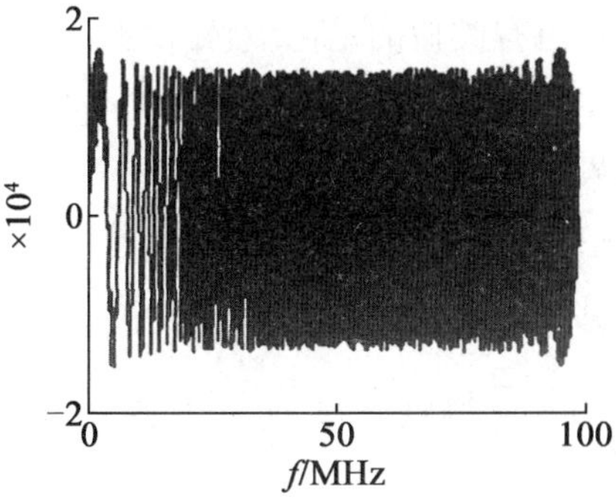

图 2　LFM-Barker 码信号的频谱

① 约翰 · G. 普罗克斯,马苏德 · 萨勒赫. 现代通信系统——使用 MATLAB[M]. 刘树棠,译. 西安:西安交通大学出版社,2001:6-40.

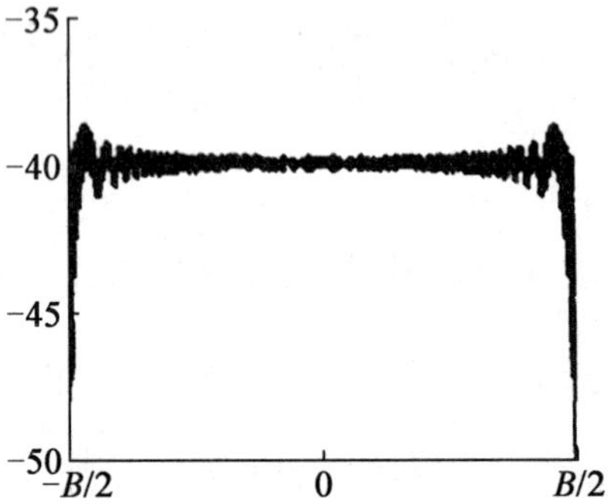

图 3　LFM 子脉冲的幅度谱

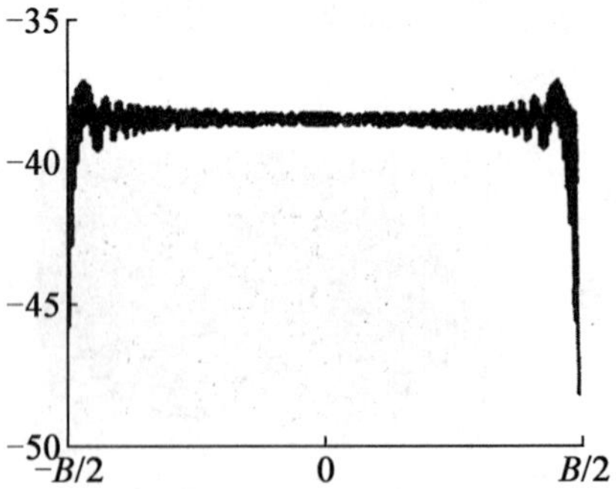

图 4　LFM-Barker 码信号的幅度谱

多次仿真的结果表明：当 $BT \gg 1$ 时，LFM 信号的幅度谱在$[-B/2, B/2]$内接近矩形，对于混合信号也有类似的结论. 对比以上仿真结果不难发现：混合信号的频谱主要由 LFM 子脉冲的频谱决定，它们的功率谱也基本相同. 由此可见，理论分析与仿真结果是一致的.

计算还表明，混合信号的带宽 B 与子脉冲的带宽相近，即 $B=1/T$. 混合信号压缩后的脉冲幅度为压缩前的 $P\sqrt{D}$ 倍（其中，D 为信号的压缩倍数），压缩后的脉冲宽度为 $1/B$. 相当于子脉冲宽度为 $1/B$，码长为 $P\sqrt{D}$ 的二相码的压缩结果.

§2　LFM-Barker 码信号的处理

LFM-Barker 码信号的模糊函数①为

$$x(\tau,\xi)=\sum_{m=-(P-1)}^{P-1} x_1(\tau-mT,\xi)\cdot x_2(mT,\xi)$$
$$=x_1(\tau,\xi)\underset{\tau}{*}x_2(\tau,\xi) \tag{6}$$

其中 $x_1(\tau,\xi)$ 和 $x_2(\tau,\xi)$ 分别为 LFM 信号和 13 位 Barker 码信号的复合自相关函数，$\underset{\tau}{*}$ 表示对 τ 卷积.

式(6)说明，LFM-Barker 码信号的自相关函数是 LFM 信号和 13 位 Barker 码信号的自相关函数共同作用的结果. 也就是说，LFM-Barker 码信号的匹配滤波输出的波形是由 LFM 信号和 13 位 Barker 码信号的压缩波形复合而成的. 所以，对该信号的处理要取得满意的效果，必须：①对 LFM 子脉冲进行失配处理，以获得最大的主旁瓣比. ②抑制 13 位 Barker 码信号的旁瓣.

由于脉冲压缩系统是线性的，在理论分析上可以将混合信号的脉冲压缩分解成两个过程完成，即依次进行线性调频脉冲压缩和相位编码脉冲压缩. 在实际处理中，是将两个匹配滤波函数合成一个，通过一次脉压完成对混合信号的压缩. 混合信号脉压后的旁瓣取决于线性调频信号，采用加窗处理后的脉压旁瓣则主要取决于 Barker 码信号. 如果加窗处理后的信号不满足指标要求，还可以采用二相码旁瓣抑制滤波器进一步降低混合信号的旁瓣. 图 5 是该混合信号的处理框图. 图中匹配滤波器 1,2 分别匹配于 LFM 子脉冲和 13 位 Barker 码信号，子脉冲加窗用来降低 LFM 信号压缩输出的主副瓣比，加权网络用来在一定范围内消除 13 位 Barker 码的距离旁瓣.

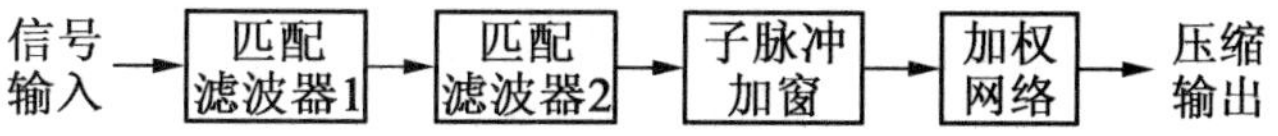

图 5　混合信号的处理框图

① 徐庆，徐继麟. 线性调频-二相编码雷达信号分析[J]. 系统工程与电子技术，2000，22(12)：7-8.

§3 结束语

LFM-Barker码信号是一种新型的脉冲压缩雷达信号,理论分析表明它具有多种优良的性能,综合了线性调频信号和相位编码信号的特点.其距离分辨率、速度分辨率和脉压增益都明显高于纯线性调频或相位编码信号,弥补了单一线性调频或相位编码信号的缺点,以小时宽、小带宽获得大信噪比改善,避免了大时宽和大带宽带来的问题,而且混合信号具有更复杂的波形形式,进一步提高了雷达的抗侦察、抗干扰能力.随着数字技术的发展,该信号必将在雷达系统中得到广泛应用.

刘培杰数学工作室
已出版(即将出版)图书目录——初等数学

书　　名	出版时间	定　价	编号
新编中学数学解题方法全书(高中版)上卷(第2版)	2018－08	58.00	951
新编中学数学解题方法全书(高中版)中卷(第2版)	2018－08	68.00	952
新编中学数学解题方法全书(高中版)下卷(一)(第2版)	2018－08	58.00	953
新编中学数学解题方法全书(高中版)下卷(二)(第2版)	2018－08	58.00	954
新编中学数学解题方法全书(高中版)下卷(三)(第2版)	2018－08	68.00	955
新编中学数学解题方法全书(初中版)上卷	2008－01	28.00	29
新编中学数学解题方法全书(初中版)中卷	2010－07	38.00	75
新编中学数学解题方法全书(高考复习卷)	2010－01	48.00	67
新编中学数学解题方法全书(高考真题卷)	2010－01	38.00	62
新编中学数学解题方法全书(高考精华卷)	2011－03	68.00	118
新编平面解析几何解题方法全书(专题讲座卷)	2010－01	18.00	61
新编中学数学解题方法全书(自主招生卷)	2013－08	88.00	261

数学奥林匹克与数学文化(第一辑)	2006－05	48.00	4
数学奥林匹克与数学文化(第二辑)(竞赛卷)	2008－01	48.00	19
数学奥林匹克与数学文化(第二辑)(文化卷)	2008－07	58.00	36′
数学奥林匹克与数学文化(第三辑)(竞赛卷)	2010－01	48.00	59
数学奥林匹克与数学文化(第四辑)(竞赛卷)	2011－08	58.00	87
数学奥林匹克与数学文化(第五辑)	2015－06	98.00	370

世界著名平面几何经典著作钩沉——几何作图专题卷(共3卷)	2022－01	198.00	1460
世界著名平面几何经典著作钩沉——民国平面几何老课本	2011－03	38.00	113
世界著名平面几何经典著作钩沉——建国初期平面三角老课本	2015－08	38.00	507
世界著名解析几何经典著作钩沉——平面解析几何卷	2014－01	38.00	264
世界著名数论经典著作钩沉——算术卷	2012－01	28.00	125
世界著名数学经典著作钩沉——立体几何卷	2011－02	28.00	88
世界著名三角学经典著作钩沉——平面三角卷Ⅰ	2010－06	28.00	69
世界著名三角学经典著作钩沉——平面三角卷Ⅱ	2011－01	38.00	78
世界著名初等数论经典著作钩沉——理论和实用算术卷	2011－07	38.00	126
世界著名几何经典著作钩沉——解析几何卷	2022－10	68.00	1564

发展你的空间想象力(第3版)	2021－01	98.00	1464
空间想象力进阶	2019－05	68.00	1062
走向国际数学奥林匹克的平面几何试题诠释.第1卷	2019－07	88.00	1043
走向国际数学奥林匹克的平面几何试题诠释.第2卷	2019－09	78.00	1044
走向国际数学奥林匹克的平面几何试题诠释.第3卷	2019－03	78.00	1045
走向国际数学奥林匹克的平面几何试题诠释.第4卷	2019－09	98.00	1046
平面几何证明方法全书	2007－08	48.00	1
平面几何证明方法全书习题解答(第2版)	2006－12	18.00	10
平面几何天天练上卷·基础篇(直线型)	2013－01	58.00	208
平面几何天天练中卷·基础篇(涉及圆)	2013－01	28.00	234
平面几何天天练下卷·提高篇	2013－01	58.00	237
平面几何专题研究	2013－07	98.00	258
平面几何解题之道.第1卷	2022－05	38.00	1494
几何学习题集	2020－10	48.00	1217
通过解题学习代数几何	2021－04	88.00	1301
最新世界各国数学奥林匹克中的平面几何试题	2007－09	38.00	14

刘培杰数学工作室
已出版(即将出版)图书目录——初等数学

书　　名	出版时间	定　价	编号
数学竞赛平面几何典型题及新颖解	2010—07	48.00	74
初等数学复习及研究(平面几何)	2008—09	68.00	38
初等数学复习及研究(立体几何)	2010—06	38.00	71
初等数学复习及研究(平面几何)习题解答	2009—01	58.00	42
几何学教程(平面几何卷)	2011—03	68.00	90
几何学教程(立体几何卷)	2011—07	68.00	130
几何变换与几何证题	2010—06	88.00	70
计算方法与几何证题	2011—06	28.00	129
立体几何技巧与方法(第2版)	2022—10	168.00	1572
几何瑰宝——平面几何500名题暨1500条定理(上、下)	2021—07	168.00	1358
三角形的解法与应用	2012—07	18.00	183
近代的三角形几何学	2012—07	48.00	184
一般折线几何学	2015—08	48.00	503
三角形的五心	2009—06	28.00	51
三角形的六心及其应用	2015—10	68.00	542
三角形趣谈	2012—08	28.00	212
解三角形	2014—01	28.00	265
三角函数	2024—10	38.00	1744
探秘三角形:一次数学旅行	2021—10	68.00	1387
三角学专门教程	2014—09	28.00	387
图天下几何新题试卷.初中(第2版)	2017—11	58.00	855
圆锥曲线习题集(上册)	2013—06	68.00	255
圆锥曲线习题集(中册)	2015—01	78.00	434
圆锥曲线习题集(下册·第1卷)	2016—10	78.00	683
圆锥曲线习题集(下册·第2卷)	2018—01	98.00	853
圆锥曲线习题集(下册·第3卷)	2019—10	128.00	1113
圆锥曲线的思想方法	2021—08	48.00	1379
圆锥曲线的八个主要问题	2021—10	48.00	1415
圆锥曲线的奥秘	2022—06	88.00	1541
论九点圆	2015—05	88.00	645
论圆的几何学	2024—06	48.00	1736
近代欧氏几何学	2012—03	48.00	162
罗巴切夫斯基几何学及几何基础概要	2012—07	28.00	188
罗巴切夫斯基几何学初步	2015—06	28.00	474
用三角、解析几何、复数、向量计算解数学竞赛几何题	2015—03	48.00	455
用解析法研究圆锥曲线的几何理论	2022—05	48.00	1495
美国中学几何教程	2015—04	88.00	458
三线坐标与三角形特征点	2015—04	98.00	460
坐标几何学基础.第1卷,笛卡儿坐标	2021—08	48.00	1398
坐标几何学基础.第2卷,三线坐标	2021—09	28.00	1399
平面解析几何方法与研究(第1卷)	2015—05	28.00	471
平面解析几何方法与研究(第2卷)	2015—06	38.00	472
平面解析几何方法与研究(第3卷)	2015—07	28.00	473
解析几何研究	2015—01	38.00	425
解析几何学教程.上	2016—01	38.00	574
解析几何学教程.下	2016—01	38.00	575
几何学基础	2016—01	58.00	581
初等几何研究	2015—02	58.00	444
十九和二十世纪欧氏几何学中的片段	2017—01	58.00	696
平面几何中考.高考.奥数一本通	2017—07	28.00	820
几何学简史	2017—08	28.00	833
四面体	2018—01	48.00	880
平面几何证明方法思路	2018—12	68.00	913
折纸中的几何练习	2022—09	48.00	1559
中学新几何学(英文)	2022—10	98.00	1562
线性代数与几何	2023—04	68.00	1633
四面体几何学引论	2023—06	68.00	1648

刘培杰数学工作室
已出版(即将出版)图书目录——初等数学

书　　名	出版时间	定　价	编号
平面几何图形特性新析.上篇	2019－01	68.00	911
平面几何图形特性新析.下篇	2018－06	88.00	912
平面几何范例多解探究.上篇	2018－04	48.00	910
平面几何范例多解探究.下篇	2018－12	68.00	914
从分析解题过程学解题:竞赛中的几何问题研究	2018－07	68.00	946
从分析解题过程学解题:竞赛中的向量几何与不等式研究(全2册)	2019－06	138.00	1090
从分析解题过程学解题:竞赛中的不等式问题	2021－01	48.00	1249
二维、三维欧氏几何的对偶原理	2018－12	38.00	990
星形大观及闭折线论	2019－03	68.00	1020
立体几何的问题和方法	2019－11	58.00	1127
三角代换论	2021－05	58.00	1313
俄罗斯平面几何问题集	2009－08	88.00	55
俄罗斯立体几何问题集	2014－03	58.00	283
俄罗斯几何大师——沙雷金论数学及其他	2014－01	48.00	271
来自俄罗斯的5000道几何习题及解答	2011－03	58.00	89
俄罗斯初等数学问题集	2012－05	38.00	177
俄罗斯函数问题集	2011－03	38.00	103
俄罗斯组合分析问题集	2011－01	48.00	79
俄罗斯初等数学万题选——三角卷	2012－11	38.00	222
俄罗斯初等数学万题选——代数卷	2013－08	68.00	225
俄罗斯初等数学万题选——几何卷	2014－01	68.00	226
俄罗斯《量子》杂志数学征解问题100题选	2018－08	48.00	969
俄罗斯《量子》杂志数学征解问题又100题选	2018－08	48.00	970
俄罗斯《量子》杂志数学征解问题	2020－05	48.00	1138
463个俄罗斯几何老问题	2012－01	28.00	152
《量子》数学短文精粹	2018－09	38.00	972
用三角、解析几何等计算解来自俄罗斯的几何题	2019－11	88.00	1119
基谢廖夫平面几何	2022－01	48.00	1461
基谢廖夫立体几何	2023－04	48.00	1599
数学:代数、数学分析和几何(10－11年级)	2021－01	48.00	1250
直观几何学:5—6年级	2022－04	58.00	1508
几何学:第2版.7—9年级	2023－08	68.00	1684
平面几何:9—11年级	2022－10	48.00	1571
立体几何.10—11年级	2022－01	58.00	1472
几何快递	2024－05	48.00	1697

谈谈素数	2011－03	18.00	91
平方和	2011－03	18.00	92
整数论	2011－05	38.00	120
从整数谈起	2015－10	28.00	538
数与多项式	2016－01	38.00	558
谈谈不定方程	2011－05	28.00	119
质数漫谈	2022－07	68.00	1529

解析不等式新论	2009－06	68.00	48
建立不等式的方法	2011－03	98.00	104
数学奥林匹克不等式研究(第2版)	2020－07	68.00	1181
不等式研究(第三辑)	2023－08	198.00	1673
不等式的秘密(第一卷)(第2版)	2014－02	38.00	286
不等式的秘密(第二卷)	2014－01	38.00	268
初等不等式的证明方法	2010－06	38.00	123
初等不等式的证明方法(第二版)	2014－11	38.00	407
不等式・理论・方法(基础卷)	2015－07	38.00	496
不等式・理论・方法(经典不等式卷)	2015－07	38.00	497
不等式・理论・方法(特殊类型不等式卷)	2015－07	48.00	498
不等式探究	2016－03	38.00	582
不等式探秘	2017－01	88.00	689

刘培杰数学工作室
已出版(即将出版)图书目录——初等数学

书　　名	出版时间	定　价	编号
四面体不等式	2017－01	68.00	715
数学奥林匹克中常见重要不等式	2017－09	38.00	845
三正弦不等式	2018－09	98.00	974
函数方程与不等式:解法与稳定性结果	2019－04	68.00	1058
数学不等式.第1卷,对称多项式不等式	2022－05	78.00	1455
数学不等式.第2卷,对称有理不等式与对称无理不等式	2022－05	88.00	1456
数学不等式.第3卷,循环不等式与非循环不等式	2022－05	88.00	1457
数学不等式.第4卷,Jensen不等式的扩展与加细	2022－05	88.00	1458
数学不等式.第5卷,创建不等式与解不等式的其他方法	2022－05	88.00	1459
不定方程及其应用.上	2018－12	58.00	992
不定方程及其应用.中	2019－01	78.00	993
不定方程及其应用.下	2019－02	98.00	994
Nesbitt不等式加强式的研究	2022－06	128.00	1527
最值定理与分析不等式	2023－02	78.00	1567
一类积分不等式	2023－02	88.00	1579
邦费罗尼不等式及概率应用	2023－05	58.00	1637

同余理论	2012－05	38.00	163
[x]与{x}	2015－04	48.00	476
极值与最值.上卷	2015－06	28.00	486
极值与最值.中卷	2015－06	38.00	487
极值与最值.下卷	2015－06	28.00	488
整数的性质	2012－11	38.00	192
完全平方数及其应用	2015－08	78.00	506
多项式理论	2015－10	88.00	541
奇数、偶数、奇偶分析法	2018－01	98.00	876

历届美国中学生数学竞赛试题及解答(第1卷)1950～1954	2014－07	18.00	277
历届美国中学生数学竞赛试题及解答(第2卷)1955～1959	2014－04	18.00	278
历届美国中学生数学竞赛试题及解答(第3卷)1960～1964	2014－06	18.00	279
历届美国中学生数学竞赛试题及解答(第4卷)1965～1969	2014－04	28.00	280
历届美国中学生数学竞赛试题及解答(第5卷)1970～1972	2014－06	18.00	281
历届美国中学生数学竞赛试题及解答(第6卷)1973～1980	2017－07	18.00	768
历届美国中学生数学竞赛试题及解答(第7卷)1981～1986	2015－01	18.00	424
历届美国中学生数学竞赛试题及解答(第8卷)1987～1990	2017－05	18.00	769

历届国际数学奥林匹克试题集	2023－09	158.00	1701
历届中国数学奥林匹克试题集(第3版)	2021－10	58.00	1440
历届加拿大数学奥林匹克试题集	2012－08	38.00	215
历届美国数学奥林匹克试题集	2023－08	98.00	1681
历届波兰数学竞赛试题集.第1卷,1949～1963	2015－03	18.00	453
历届波兰数学竞赛试题集.第2卷,1964～1976	2015－03	18.00	454
历届巴尔干数学奥林匹克试题集	2015－05	38.00	466
历届CGMO试题及解答	2024－03	48.00	1717
保加利亚数学奥林匹克	2014－10	38.00	393
圣彼得堡数学奥林匹克试题集	2015－01	38.00	429
匈牙利奥林匹克数学竞赛题解.第1卷	2016－05	28.00	593
匈牙利奥林匹克数学竞赛题解.第2卷	2016－05	28.00	594
历届美国数学邀请赛试题集(第2版)	2017－10	78.00	851
全美高中数学竞赛:纽约州数学竞赛(1989—1994)	2024－08	48.00	1740
普林斯顿大学数学竞赛	2016－06	38.00	669
亚太地区数学奥林匹克竞赛题	2015－07	18.00	492
日本历届(初级)广中杯数学竞赛试题及解答.第1卷(2000～2007)	2016－05	28.00	641
日本历届(初级)广中杯数学竞赛试题及解答.第2卷(2008～2015)	2016－05	38.00	642
越南数学奥林匹克题选:1962－2009	2021－07	48.00	1370
罗马尼亚大师杯数学竞赛试题及解答	2024－09	48.00	1746
欧洲女子数学奥林匹克	2024－04	48.00	1723
360个数学竞赛问题	2016－08	58.00	677

刘培杰数学工作室
已出版(即将出版)图书目录——初等数学

书　　名	出版时间	定　价	编号
奥数最佳实战题.上卷	2017－06	38.00	760
奥数最佳实战题.下卷	2017－05	58.00	761
解决问题的策略	2024－08	48.00	1742
哈尔滨市早期中学数学竞赛试题汇编	2016－07	28.00	672
全国高中数学联赛试题及解答:1981—2019(第4版)	2020－07	138.00	1176
2024年全国高中数学联合竞赛模拟题集	2024－01	38.00	1702
20世纪50年代全国部分城市数学竞赛试题汇编	2017－07	28.00	797
国内外数学竞赛题及精解:2018—2019	2020－08	45.00	1192
国内外数学竞赛题及精解:2019—2020	2021－11	58.00	1439
许康华竞赛优学精选集.第一辑	2018－08	68.00	949
天问叶班数学问题征解100题.Ⅰ,2016－2018	2019－05	88.00	1075
天问叶班数学问题征解100题.Ⅱ,2017－2019	2020－07	98.00	1177
美国初中数学竞赛:AMC8准备(共6卷)	2019－07	138.00	1089
美国高中数学竞赛:AMC10准备(共6卷)	2019－08	158.00	1105
中国数学奥林匹克国家集训队选拔试题背景研究	2015－01	78.00	1781

高考数学核心题型解题方法与技巧	2010－01	28.00	86
高考数学压轴题解题诀窍(上)(第2版)	2018－01	58.00	874
高考数学压轴题解题诀窍(下)(第2版)	2018－01	48.00	875
突破高考数学新定义创新压轴题	2024－08	88.00	1741
北京市五区文科数学三年高考模拟题详解:2013～2015	2015－08	48.00	500
北京市五区理科数学三年高考模拟题详解:2013～2015	2015－09	68.00	505
向量法巧解数学高考题	2009－08	28.00	54
高中数学课堂教学的实践与反思	2021－11	48.00	791
数学高考参考	2016－01	78.00	589
新课程标准高考数学解答题各种题型解法指导	2020－08	78.00	1196
全国及各省市高考数学试题审题要津与解法研究	2015－02	48.00	450
高中数学章节起始课的教学研究与案例设计	2019－05	28.00	1064
新课标高考数学——五年试题分章详解(2007～2011)(上、下)	2011－10	78.00	140,141
全国中考数学压轴题审题要津与解法研究	2013－04	78.00	248
新编全国及各省市中考数学压轴题审题要津与解法研究	2014－05	58.00	342
全国及各省市5年中考数学压轴题审题要津与解法研究(2015版)	2015－04	58.00	462
中考数学专题总复习	2007－04	28.00	6
中考数学较难题常考题型解题方法与技巧	2016－09	48.00	681
中考数学难题常考题型解题方法与技巧	2016－09	48.00	682
中考数学中档题常考题型解题方法与技巧	2017－08	68.00	835
中考数学选择填空压轴好题妙解365	2024－01	80.00	1698
中考数学:三类重点考题的解法例析与习题	2020－04	48.00	1140
中小学数学的历史文化	2019－11	48.00	1124
小升初衔接数学	2024－06	68.00	1734
赢在小升初——数学	2024－08	78.00	1739
初中平面几何百题多思创新解	2020－01	58.00	1125
初中数学中考备考	2020－01	58.00	1126
高考数学之九章演义	2019－08	68.00	1044
高考数学之难题谈笑间	2022－06	68.00	1519
化学可以这样学:高中化学知识方法智慧感悟疑难辨析	2019－07	58.00	1103
如何成为学习高手	2019－09	58.00	1107
高考数学:经典真题分类解析	2020－04	78.00	1134
高考数学解答题破解策略	2020－11	58.00	1221
从分析解题过程学解题:高考压轴题与竞赛题之关系探究	2020－08	88.00	1179
从分析解题过程学解题:数学高考与竞赛的互联互通探究	2024－06	88.00	1735
教学新思考:单元整体视角下的初中数学教学设计	2021－03	58.00	1278
思维再拓展:2020年经典几何题的多解探究与思考	即将出版		1279
十年高考数学试题创新与经典研究:基于高中数学大概念的视角	2024－10	58.00	1777
高中数学题型全解(全5册)	2024－10	298.00	1778
中考数学小压轴汇编初讲	2017－07	48.00	788
中考数学大压轴专题微言	2017－09	48.00	846

刘培杰数学工作室
已出版(即将出版)图书目录——初等数学

书　　名	出版时间	定　价	编号
怎么解中考平面几何探索题	2019－06	48.00	1093
北京中考数学压轴题解题方法突破(第10版)	2024－11	88.00	1780
助你高考成功的数学解题智慧:知识是智慧的基础	2016－01	58.00	596
助你高考成功的数学解题智慧:错误是智慧的试金石	2016－04	58.00	643
助你高考成功的数学解题智慧:方法是智慧的推手	2016－04	68.00	657
高考数学奇思妙解	2016－04	38.00	610
高考数学解题策略	2016－05	48.00	670
数学解题泄天机(第2版)	2017－10	48.00	850
高中物理教学讲义	2018－01	48.00	871
高中物理教学讲义:全模块	2022－03	98.00	1492
高中物理答疑解惑65篇	2021－11	48.00	1462
中学物理基础问题解析	2020－08	48.00	1183
初中数学、高中数学脱节知识补缺教材	2017－06	48.00	766
高考数学客观题解题方法和技巧	2017－10	38.00	847
十年高考数学精品试题审题要津与解法研究	2021－10	98.00	1427
中国历届高考数学试题及解答.1949－1979	2018－01	38.00	877
历届中国高考数学试题及解答.第二卷,1980—1989	2018－10	28.00	975
历届中国高考数学试题及解答.第三卷,1990—1999	2018－10	48.00	976
跟我学解高中数学题	2018－07	58.00	926
中学数学研究的方法及案例	2018－05	58.00	869
高考数学抢分技能	2018－07	68.00	934
高一新生常用数学方法和重要数学思想提升教材	2018－06	38.00	921
高考数学全国卷六道解答题常考题型解题诀窍:理科(全2册)	2019－07	78.00	1101
高考数学全国卷16道选择、填空题常考题型解题诀窍.理科	2018－09	88.00	971
高考数学全国卷16道选择、填空题常考题型解题诀窍.文科	2020－01	88.00	1123
高中数学一题多解	2019－06	58.00	1087
历届中国高考数学试题及解答:1917－1999	2021－08	118.00	1371
2000～2003年全国及各省市高考数学试题及解答	2022－05	88.00	1499
2004年全国及各省市高考数学试题及解答	2023－08	78.00	1500
2005年全国及各省市高考数学试题及解答	2023－08	78.00	1501
2006年全国及各省市高考数学试题及解答	2023－08	88.00	1502
2007年全国及各省市高考数学试题及解答	2023－08	98.00	1503
2008年全国及各省市高考数学试题及解答	2023－08	88.00	1504
2009年全国及各省市高考数学试题及解答	2023－08	88.00	1505
2010年全国及各省市高考数学试题及解答	2023－08	98.00	1506
2011～2017年全国及各省市高考数学试题及解答	2024－01	78.00	1507
2018～2023年全国及各省市高考数学试题及解答	2024－03	78.00	1709
突破高原:高中数学解题思维探究	2021－08	48.00	1375
高考数学中的"取值范围"	2021－10	48.00	1429
新课程标准高中数学各种题型解法大全.必修一分册	2021－06	58.00	1315
新课程标准高中数学各种题型解法大全.必修二分册	2022－01	68.00	1471
高中数学各种题型解法大全.选择性必修一分册	2022－06	68.00	1525
高中数学各种题型解法大全.选择性必修二分册	2023－01	58.00	1600
高中数学各种题型解法大全.选择性必修三分册	2023－04	48.00	1643
高中数学专题研究	2024－05	88.00	1722
历届全国初中数学竞赛经典试题详解	2023－04	88.00	1624
孟祥礼高考数学精刷精解	2023－06	98.00	1663
新编640个世界著名数学智力趣题	2014－01	88.00	242
500个最新世界著名数学智力趣题	2008－06	48.00	3
400个最新世界著名数学最值问题	2008－09	48.00	36
500个世界著名数学征解问题	2009－06	48.00	52
400个中国最佳初等数学征解老问题	2010－01	48.00	60
500个俄罗斯数学经典老题	2011－01	28.00	81
1000个国外中学物理好题	2012－04	48.00	174
300个日本高考数学题	2012－05	38.00	142
700个早期日本高考数学试题	2017－02	88.00	752

刘培杰数学工作室
已出版(即将出版)图书目录——初等数学

书名	出版时间	定价	编号
500个前苏联早期高考数学试题及解答	2012－05	28.00	185
546个早期俄罗斯大学生数学竞赛题	2014－03	38.00	285
548个来自美苏的数学好问题	2014－11	28.00	396
20所苏联著名大学早期入学试题	2015－02	18.00	452
161道德国工科大学生必做的微分方程习题	2015－05	28.00	469
500个德国工科大学生必做的高数习题	2015－06	28.00	478
360个数学竞赛问题	2016－08	58.00	677
200个趣味数学故事	2018－02	48.00	857
470个数学奥林匹克中的最值问题	2018－10	88.00	985
德国讲义日本考题.微积分卷	2015－04	48.00	456
德国讲义日本考题.微分方程卷	2015－04	38.00	457
二十世纪中叶中、英、美、日、法、俄高考数学试题精选	2017－06	38.00	783
中国初等数学研究 2009卷(第1辑)	2009－05	20.00	45
中国初等数学研究 2010卷(第2辑)	2010－05	30.00	68
中国初等数学研究 2011卷(第3辑)	2011－07	60.00	127
中国初等数学研究 2012卷(第4辑)	2012－07	48.00	190
中国初等数学研究 2014卷(第5辑)	2014－02	48.00	288
中国初等数学研究 2015卷(第6辑)	2015－06	68.00	493
中国初等数学研究 2016卷(第7辑)	2016－04	68.00	609
中国初等数学研究 2017卷(第8辑)	2017－01	98.00	712
初等数学研究在中国.第1辑	2019－03	158.00	1024
初等数学研究在中国.第2辑	2019－10	158.00	1116
初等数学研究在中国.第3辑	2021－05	158.00	1306
初等数学研究在中国.第4辑	2022－06	158.00	1520
初等数学研究在中国.第5辑	2023－07	158.00	1635
几何变换(Ⅰ)	2014－07	28.00	353
几何变换(Ⅱ)	2015－06	28.00	354
几何变换(Ⅲ)	2015－01	38.00	355
几何变换(Ⅳ)	2015－12	38.00	356
初等数论难题集(第一卷)	2009－05	68.00	44
初等数论难题集(第二卷)(上、下)	2011－02	128.00	82,83
数论概貌	2011－03	18.00	93
代数数论(第二版)	2013－08	58.00	94
代数多项式	2014－06	38.00	289
初等数论的知识与问题	2011－02	28.00	95
超越数论基础	2011－03	28.00	96
数论初等教程	2011－03	28.00	97
数论基础	2011－03	18.00	98
数论基础与维诺格拉多夫	2014－03	18.00	292
解析数论基础	2012－08	28.00	216
解析数论基础(第二版)	2014－01	48.00	287
解析数论问题集(第二版)(原版引进)	2014－05	88.00	343
解析数论问题集(第二版)(中译本)	2016－04	88.00	607
解析数论基础(潘承洞,潘承彪著)	2016－07	98.00	673
解析数论导引	2016－07	58.00	674
数论入门	2011－03	38.00	99
代数数论入门	2015－03	38.00	448

刘培杰数学工作室
已出版(即将出版)图书目录——初等数学

书　　名	出版时间	定　价	编号
数论开篇	2012－07	28.00	194
解析数论引论	2011－03	48.00	100
Barban Davenport Halberstam 均值和	2009－01	40.00	33
基础数论	2011－03	28.00	101
初等数论 100 例	2011－05	18.00	122
初等数论经典例题	2012－07	18.00	204
最新世界各国数学奥林匹克中的初等数论试题(上、下)	2012－01	138.00	144,145
初等数论(Ⅰ)	2012－01	18.00	156
初等数论(Ⅱ)	2012－01	18.00	157
初等数论(Ⅲ)	2012－01	28.00	158
平面几何与数论中未解决的新老问题	2013－01	68.00	229
代数数论简史	2014－11	28.00	408
代数数论	2015－09	88.00	532
代数、数论及分析习题集	2016－11	98.00	695
数论导引提要及习题解答	2016－01	48.00	559
素数定理的初等证明.第2版	2016－09	48.00	686
数论中的模函数与狄利克雷级数(第二版)	2017－11	78.00	837
数论:数学导引	2018－01	68.00	849
范氏大代数	2019－02	98.00	1016
解析数学讲义.第一卷,导来式及微分、积分、级数	2019－04	88.00	1021
解析数学讲义.第二卷,关于几何的应用	2019－04	68.00	1022
解析数学讲义.第三卷,解析函数论	2019－04	78.00	1023
分析・组合・数论纵横谈	2019－04	58.00	1039
Hall 代数:民国时期的中学数学课本:英文	2019－08	88.00	1106
基谢廖夫初等代数	2022－07	38.00	1531
基谢廖夫算术	2024－05	48.00	1725

数学精神巡礼	2019－01	58.00	731
数学眼光透视(第2版)	2017－06	78.00	732
数学思想领悟(第2版)	2018－01	68.00	733
数学方法溯源(第2版)	2018－08	68.00	734
数学解题引论	2017－05	58.00	735
数学史话览胜(第2版)	2017－01	48.00	736
数学应用展观(第2版)	2017－08	68.00	737
数学建模尝试	2018－04	48.00	738
数学竞赛采风	2018－01	68.00	739
数学测评探营	2019－05	58.00	740
数学技能操握	2018－03	48.00	741
数学欣赏拾趣	2018－02	48.00	742

从毕达哥拉斯到怀尔斯	2007－10	48.00	9
从迪利克雷到维斯卡尔迪	2008－01	48.00	21
从哥德巴赫到陈景润	2008－05	98.00	35
从庞加莱到佩雷尔曼	2011－08	138.00	136

博弈论精粹	2008－03	58.00	30
博弈论精粹.第二版(精装)	2015－01	88.00	461
数学 我爱你	2008－01	28.00	20
精神的圣徒　别样的人生——60位中国数学家成长的历程	2008－09	48.00	39
数学史概论	2009－06	78.00	50

刘培杰数学工作室
已出版(即将出版)图书目录——初等数学

书　　名	出版时间	定　价	编号
数学史概论(精装)	2013－03	158.00	272
数学史选讲	2016－01	48.00	544
斐波那契数列	2010－02	28.00	65
数学拼盘和斐波那契魔方	2010－07	38.00	72
斐波那契数列欣赏(第2版)	2018－08	58.00	948
Fibonacci数列中的明珠	2018－06	58.00	928
数学的创造	2011－02	48.00	85
数学美与创造力	2016－01	48.00	595
数海拾贝	2016－01	48.00	590
数学中的美(第2版)	2019－04	68.00	1057
数论中的美学	2014－12	38.00	351
数学王者　科学巨人——高斯	2015－01	28.00	428
振兴祖国数学的圆梦之旅:中国初等数学研究史话	2015－06	98.00	490
二十世纪中国数学史料研究	2015－10	48.00	536
《九章算法比类大全》校注	2024－06	198.00	1695
数字谜、数阵图与棋盘覆盖	2016－01	58.00	298
数学概念的进化:一个初步的研究	2023－07	68.00	1683
数学发现的艺术:数学探索中的合情推理	2016－07	58.00	671
活跃在数学中的参数	2016－07	48.00	675
数海趣史	2021－05	98.00	1314
玩转幻中之幻	2023－08	88.00	1682
数学艺术品	2023－09	98.00	1685
数学博弈与游戏	2023－10	68.00	1692
数学解题——靠数学思想给力(上)	2011－07	38.00	131
数学解题——靠数学思想给力(中)	2011－07	48.00	132
数学解题——靠数学思想给力(下)	2011－07	38.00	133
我怎样解题	2013－01	48.00	227
数学解题中的物理方法	2011－06	28.00	114
数学解题的特殊方法	2011－06	48.00	115
中学数学计算技巧(第2版)	2020－10	48.00	1220
中学数学证明方法	2012－01	58.00	117
数学趣题巧解	2012－03	28.00	128
高中数学教学通鉴	2015－05	58.00	479
和高中生漫谈:数学与哲学的故事	2014－08	28.00	369
算术问题集	2017－03	38.00	789
张教授讲数学	2018－07	38.00	933
陈永明实话实说数学教学	2020－04	68.00	1132
中学数学学科知识与教学能力	2020－06	58.00	1155
怎样把课讲好:大罕数学教学随笔	2022－03	58.00	1484
中国高考评价体系下高考数学探秘	2022－03	48.00	1487
数苑漫步	2024－01	58.00	1670
自主招生考试中的参数方程问题	2015－01	28.00	435
自主招生考试中的极坐标问题	2015－04	28.00	463
近年全国重点大学自主招生数学试题全解及研究.华约卷	2015－02	38.00	441
近年全国重点大学自主招生数学试题全解及研究.北约卷	2016－05	38.00	619
自主招生数学解证宝典	2015－09	48.00	535
中国科学技术大学创新班数学真题解析	2022－03	48.00	1488
中国科学技术大学创新班物理真题解析	2022－03	58.00	1489
格点和面积	2012－07	18.00	191
射影几何趣谈	2012－04	28.00	175
斯潘纳尔引理——从一道加拿大数学奥林匹克试题谈起	2014－01	28.00	228
李普希兹条件——从几道近年高考数学试题谈起	2012－10	18.00	221
拉格朗日中值定理——从一道北京高考试题的解法谈起	2015－10	18.00	197

刘培杰数学工作室
已出版(即将出版)图书目录——初等数学

书　　名	出版时间	定　价	编号
闵科夫斯基定理——从一道清华大学自主招生试题谈起	2014-01	28.00	198
哈尔测度——从一道冬令营试题的背景谈起	2012-08	28.00	202
切比雪夫逼近问题——从一道中国台北数学奥林匹克试题谈起	2013-04	38.00	238
伯恩斯坦多项式与贝齐尔曲面——从一道全国高中数学联赛试题谈起	2013-03	38.00	236
卡塔兰猜想——从一道普特南竞赛试题谈起	2013-06	18.00	256
麦卡锡函数和阿克曼函数——从一道前南斯拉夫数学奥林匹克试题谈起	2012-08	18.00	201
贝蒂定理与拉姆贝克莫斯尔定理——从一个拣石子游戏谈起	2012-08	18.00	217
皮亚诺曲线和豪斯道夫分球定理——从无限集谈起	2012-08	18.00	211
平面凸图形与凸多面体	2012-10	28.00	218
斯坦因豪斯问题——从一道二十五省市自治区中学数学竞赛试题谈起	2012-07	18.00	196
纽结理论中的亚历山大多项式与琼斯多项式——从一道北京市高一数学竞赛试题谈起	2012-07	28.00	195
原则与策略——从波利亚"解题表"谈起	2013-04	38.00	244
转化与化归——从三大尺规作图不能问题谈起	2012-08	28.00	214
代数几何中的贝祖定理(第一版)——从一道 IMO 试题的解法谈起	2013-08	18.00	193
成功连贯理论与约当块理论——从一道比利时数学竞赛试题谈起	2012-04	18.00	180
素数判定与大数分解	2014-08	18.00	199
置换多项式及其应用	2012-10	18.00	220
椭圆函数与模函数——从一道美国加州大学洛杉矶分校(UCLA)博士资格考题谈起	2012-10	28.00	219
差分方程的拉格朗日方法——从一道 2011 年全国高考理科试题的解法谈起	2012-08	28.00	200
力学在几何中的一些应用	2013-01	38.00	240
从根式解到伽罗华理论	2020-01	48.00	1121
康托洛维奇不等式——从一道全国高中联赛试题谈起	2013-03	28.00	337
拉克斯定理和阿廷定理——从一道 IMO 试题的解法谈起	2014-01	58.00	246
毕卡大定理——从一道美国大学数学竞赛试题谈起	2014-07	18.00	350
拉格朗日乘子定理——从一道 2005 年全国高中联赛试题的高等数学解法谈起	2015-05	28.00	480
雅可比定理——从一道日本数学奥林匹克试题谈起	2013-04	48.00	249
李天岩一约克定理——从一道波兰数学竞赛试题谈起	2014-06	28.00	349
受控理论与初等不等式:从一道 IMO 试题的解法谈起	2023-03	48.00	1601
布劳维不动点定理——从一道前苏联数学奥林匹克试题谈起	2014-01	38.00	273
莫德尔一韦伊定理——从一道日本数学奥林匹克试题谈起	2024-10	48.00	1602
斯蒂尔杰斯积分——从一道国际大学生数学竞赛试题的解法谈起	2024-10	68.00	1605
切博塔廖夫猜想——从一道 1978 年全国高中数学竞赛试题谈起	2024-10	38.00	1606
卡西尼卵形线:从一道高中数学期中考试试题谈起	2024-10	48.00	1607
格罗斯问题:亚纯函数的唯一性问题	2024-10	48.00	1608
布格尔问题——从一道第 6 届全国中学生物理竞赛预赛试题谈起	2024-09	68.00	1609
多项式逼近问题——从一道美国大学生数学竞赛试题谈起	2024-10	48.00	1748
中国剩余定理——总数法构建中国历史年表	2015-01	28.00	430
沙可夫斯基定理——从一道韩国数学奥林匹克竞赛试题的解法谈起	2025-01	68.00	1753
斯特林公式——从一道 2023 年高考数学(天津卷)试题的背景谈起	2025-01	28.00	1754
分圆多项式——从一道美国国家队选拔考试试题的解法谈起	2025-01	48.00	1786
费马数与广义费马数——从一道 USAMO 试题的解法谈起	2025-01	48.00	1794
信息论中的香农熵——从一道近年高考压轴题谈起	即将出版		

刘培杰数学工作室
已出版(即将出版)图书目录——初等数学

书　　名	出版时间	定　价	编号
约当不等式——从一道希望杯竞赛试题谈起	即将出版		
拉比诺维奇定理	即将出版		
刘维尔定理——从一道《美国数学月刊》征解问题的解法谈起	即将出版		
卡塔兰恒等式与级数求和——从一道 IMO 试题的解法谈起	即将出版		
勒让德猜想与素数分布——从一道爱尔兰竞赛试题谈起	即将出版		
天平称重与信息论——从一道基辅市数学奥林匹克试题谈起	即将出版		
哈密尔顿—凯莱定理:从一道高中数学联赛试题的解法谈起	2014—09	18.00	376
艾思特曼定理——从一道 CMO 试题的解法谈起	即将出版		
阿贝尔恒等式与经典不等式及应用	2018—06	98.00	923
迪利克雷除数问题	2018—07	48.00	930
幻方、幻立方与拉丁方	2019—08	48.00	1092
帕斯卡三角形	2014—03	18.00	294
蒲丰投针问题——从 2009 年清华大学的一道自主招生试题谈起	2014—01	38.00	295
斯图姆定理——从一道“华约”自主招生试题的解法谈起	2014—01	18.00	296
许瓦兹引理——从一道加利福尼亚大学伯克利分校数学系博士生试题谈起	2014—08	18.00	297
拉姆塞定理——从王诗宬院士的一个问题谈起	2016—04	48.00	299
坐标法	2013—12	28.00	332
数论三角形	2014—04	38.00	341
毕克定理	2014—07	18.00	352
数林掠影	2014—09	48.00	389
我们周围的概率	2014—10	38.00	390
凸函数最值定理:从一道华约自主招生题的解法谈起	2014—10	28.00	391
易学与数学奥林匹克	2014—10	38.00	392
生物数学趣谈	2015—01	18.00	409
反演	2015—01	28.00	420
因式分解与圆锥曲线	2015—01	18.00	426
轨迹	2015—01	28.00	427
面积原理:从常庚哲命的一道 CMO 试题的积分解法谈起	2015—01	48.00	431
形形色色的不动点定理:从一道 28 届 IMO 试题谈起	2015—01	38.00	439
柯西函数方程:从一道上海交大自主招生的试题谈起	2015—02	28.00	440
三角恒等式	2015—02	28.00	442
无理性判定:从一道 2014 年“北约”自主招生试题谈起	2015—01	38.00	443
数学归纳法	2015—03	18.00	451
极端原理与解题	2015—04	28.00	464
法雷级数	2014—08	18.00	367
摆线族	2015—01	38.00	438
函数方程及其解法	2015—05	38.00	470
含参数的方程和不等式	2012—09	28.00	213
希尔伯特第十问题	2016—01	38.00	543
无穷小量的求和	2016—01	28.00	545
切比雪夫多项式:从一道清华大学金秋营试题谈起	2016—01	38.00	583
泽肯多夫定理	2016—03	38.00	599
代数等式证题法	2016—01	28.00	600
三角等式证题法	2016—01	28.00	601
吴大任教授藏书中的一个因式分解公式:从一道美国数学邀请赛试题的解法谈起	2016—06	28.00	656
易卦——类万物的数学模型	2017—08	68.00	838
“不可思议”的数与数系可持续发展	2018—01	38.00	878
最短线	2018—01	38.00	879
数学在天文、地理、光学、机械力学中的一些应用	2023—03	88.00	1576
从阿基米德三角形谈起	2023—01	28.00	1578

刘培杰数学工作室
已出版(即将出版)图书目录——初等数学

书名	出版时间	定价	编号
幻方和魔方(第一卷)	2012—05	68.00	173
尘封的经典——初等数学经典文献选读(第一卷)	2012—07	48.00	205
尘封的经典——初等数学经典文献选读(第二卷)	2012—07	38.00	206
初级方程式论	2011—03	28.00	106
初等数学研究(Ⅰ)	2008—09	68.00	37
初等数学研究(Ⅱ)(上、下)	2009—05	118.00	46,47
初等数学专题研究	2022—10	68.00	1568
趣味初等方程妙题集锦	2014—09	48.00	388
趣味初等数论选美与欣赏	2015—02	48.00	445
耕读笔记(上卷):一位农民数学爱好者的初数探索	2015—04	28.00	459
耕读笔记(中卷):一位农民数学爱好者的初数探索	2015—05	28.00	483
耕读笔记(下卷):一位农民数学爱好者的初数探索	2015—05	28.00	484
几何不等式研究与欣赏.上卷	2016—01	88.00	547
几何不等式研究与欣赏.下卷	2016—01	48.00	552
初等数列研究与欣赏·上	2016—01	48.00	570
初等数列研究与欣赏·下	2016—01	48.00	571
趣味初等函数研究与欣赏.上	2016—09	48.00	684
趣味初等函数研究与欣赏.下	2018—09	48.00	685
三角不等式研究与欣赏	2020—10	68.00	1197
新编平面解析几何解题方法研究与欣赏	2021—10	78.00	1426
火柴游戏(第2版)	2022—05	38.00	1493
智力解谜.第1卷	2017—07	38.00	613
智力解谜.第2卷	2017—07	38.00	614
故事智力	2016—07	48.00	615
名人们喜欢的智力问题	2020—01	48.00	616
数学大师的发现、创造与失误	2018—01	48.00	617
异曲同工	2018—09	48.00	618
数学的味道(第2版)	2023—10	68.00	1686
数学千字文	2018—10	68.00	977
数贝偶拾——高考数学题研究	2014—04	28.00	274
数贝偶拾——初等数学研究	2014—04	38.00	275
数贝偶拾——奥数题研究	2014—04	48.00	276
钱昌本教你快乐学数学(上)	2011—12	48.00	155
钱昌本教你快乐学数学(下)	2012—03	58.00	171
集合、函数与方程	2014—01	28.00	300
数列与不等式	2014—01	38.00	301
三角与平面向量	2014—01	28.00	302
平面解析几何	2014—01	38.00	303
立体几何与组合	2014—01	28.00	304
极限与导数、数学归纳法	2014—01	38.00	305
趣味数学	2014—03	28.00	306
教材教法	2014—04	68.00	307
自主招生	2014—05	58.00	308
高考压轴题(上)	2015—01	48.00	309
高考压轴题(下)	2014—10	68.00	310

刘培杰数学工作室
已出版(即将出版)图书目录——初等数学

书　　名	出版时间	定　价	编号
从费马到怀尔斯——费马大定理的历史	2013－10	198.00	Ⅰ
从庞加莱到佩雷尔曼——庞加莱猜想的历史	2013－10	298.00	Ⅱ
从切比雪夫到爱尔特希(上)——素数定理的初等证明	2013－07	48.00	Ⅲ
从切比雪夫到爱尔特希(下)——素数定理100年	2012－12	98.00	Ⅲ
从高斯到盖尔方特——二次域的高斯猜想	2013－10	198.00	Ⅳ
从库默尔到朗兰兹——朗兰兹猜想的历史	2014－01	98.00	Ⅴ
从比勃巴赫到德布朗斯——比勃巴赫猜想的历史	2014－02	298.00	Ⅵ
从麦比乌斯到陈省身——麦比乌斯变换与麦比乌斯带	2014－02	298.00	Ⅶ
从布尔到豪斯道夫——布尔方程与格论漫谈	2013－10	198.00	Ⅷ
从开普勒到阿诺德——三体问题的历史	2014－05	298.00	Ⅸ
从华林到华罗庚——华林问题的历史	2013－10	298.00	Ⅹ

美国高中数学竞赛五十讲. 第1卷(英文)	2014－08	28.00	357
美国高中数学竞赛五十讲. 第2卷(英文)	2014－08	28.00	358
美国高中数学竞赛五十讲. 第3卷(英文)	2014－09	28.00	359
美国高中数学竞赛五十讲. 第4卷(英文)	2014－09	28.00	360
美国高中数学竞赛五十讲. 第5卷(英文)	2014－10	28.00	361
美国高中数学竞赛五十讲. 第6卷(英文)	2014－11	28.00	362
美国高中数学竞赛五十讲. 第7卷(英文)	2014－12	28.00	363
美国高中数学竞赛五十讲. 第8卷(英文)	2015－01	28.00	364
美国高中数学竞赛五十讲. 第9卷(英文)	2015－01	28.00	365
美国高中数学竞赛五十讲. 第10卷(英文)	2015－02	38.00	366

三角函数(第2版)	2017－04	38.00	626
不等式	2014－01	38.00	312
数列	2014－01	38.00	313
方程(第2版)	2017－04	38.00	624
排列和组合	2014－01	28.00	315
极限与导数(第2版)	2016－04	38.00	635
向量(第2版)	2018－08	58.00	627
复数及其应用	2014－08	28.00	318
函数	2014－01	38.00	319
集合	2020－01	48.00	320
直线与平面	2014－01	28.00	321
立体几何(第2版)	2016－04	38.00	629
解三角形	即将出版		323
直线与圆(第2版)	2016－11	38.00	631
圆锥曲线(第2版)	2016－09	48.00	632
解题通法(一)	2014－07	38.00	326
解题通法(二)	2014－07	38.00	327
解题通法(三)	2014－05	38.00	328
概率与统计	2014－01	28.00	329
信息迁移与算法	即将出版		330

刘培杰数学工作室
已出版(即将出版)图书目录——初等数学

书　　名	出版时间	定　价	编号
IMO 50 年. 第 1 卷(1959—1963)	2014—11	28.00	377
IMO 50 年. 第 2 卷(1964—1968)	2014—11	28.00	378
IMO 50 年. 第 3 卷(1969—1973)	2014—09	28.00	379
IMO 50 年. 第 4 卷(1974—1978)	2016—04	38.00	380
IMO 50 年. 第 5 卷(1979—1984)	2015—04	38.00	381
IMO 50 年. 第 6 卷(1985—1989)	2015—04	58.00	382
IMO 50 年. 第 7 卷(1990—1994)	2016—01	48.00	383
IMO 50 年. 第 8 卷(1995—1999)	2016—06	38.00	384
IMO 50 年. 第 9 卷(2000—2004)	2015—04	58.00	385
IMO 50 年. 第 10 卷(2005—2009)	2016—01	48.00	386
IMO 50 年. 第 11 卷(2010—2015)	2017—03	48.00	646

数学反思(2006—2007)	2020—09	88.00	915
数学反思(2008—2009)	2019—01	68.00	917
数学反思(2010—2011)	2018—05	58.00	916
数学反思(2012—2013)	2019—01	58.00	918
数学反思(2014—2015)	2019—03	78.00	919
数学反思(2016—2017)	2021—03	58.00	1286
数学反思(2018—2019)	2023—01	88.00	1593

历届美国大学生数学竞赛试题集. 第一卷(1938—1949)	2015—01	28.00	397
历届美国大学生数学竞赛试题集. 第二卷(1950—1959)	2015—01	28.00	398
历届美国大学生数学竞赛试题集. 第三卷(1960—1969)	2015—01	28.00	399
历届美国大学生数学竞赛试题集. 第四卷(1970—1979)	2015—01	18.00	400
历届美国大学生数学竞赛试题集. 第五卷(1980—1989)	2015—01	28.00	401
历届美国大学生数学竞赛试题集. 第六卷(1990—1999)	2015—01	28.00	402
历届美国大学生数学竞赛试题集. 第七卷(2000—2009)	2015—08	18.00	403
历届美国大学生数学竞赛试题集. 第八卷(2010—2012)	2015—01	18.00	404

新课标高考数学创新题解题诀窍:总论	2014—09	28.00	372
新课标高考数学创新题解题诀窍:必修 1～5 分册	2014—08	38.00	373
新课标高考数学创新题解题诀窍:选修 2—1,2—2,1—1,1—2分册	2014—09	38.00	374
新课标高考数学创新题解题诀窍:选修 2—3,4—4,4—5 分册	2014—09	18.00	375

全国重点大学自主招生英文数学试题全攻略:词汇卷	2015—07	48.00	410
全国重点大学自主招生英文数学试题全攻略:概念卷	2015—01	28.00	411
全国重点大学自主招生英文数学试题全攻略:文章选读卷(上)	2016—09	38.00	412
全国重点大学自主招生英文数学试题全攻略:文章选读卷(下)	2017—01	58.00	413
全国重点大学自主招生英文数学试题全攻略:试题卷	2015—07	38.00	414
全国重点大学自主招生英文数学试题全攻略:名著欣赏卷	2017—03	48.00	415

劳埃德数学趣题大全. 题目卷. 1:英文	2016—01	18.00	516
劳埃德数学趣题大全. 题目卷. 2:英文	2016—01	18.00	517
劳埃德数学趣题大全. 题目卷. 3:英文	2016—01	18.00	518
劳埃德数学趣题大全. 题目卷. 4:英文	2016—01	18.00	519
劳埃德数学趣题大全. 题目卷. 5:英文	2016—01	18.00	520
劳埃德数学趣题大全. 答案卷:英文	2016—01	18.00	521

刘培杰数学工作室
已出版(即将出版)图书目录——初等数学

书名	出版时间	定价	编号
李成章教练奥数笔记.第1卷	2016—01	48.00	522
李成章教练奥数笔记.第2卷	2016—01	48.00	523
李成章教练奥数笔记.第3卷	2016—01	38.00	524
李成章教练奥数笔记.第4卷	2016—01	38.00	525
李成章教练奥数笔记.第5卷	2016—01	38.00	526
李成章教练奥数笔记.第6卷	2016—01	38.00	527
李成章教练奥数笔记.第7卷	2016—01	38.00	528
李成章教练奥数笔记.第8卷	2016—01	48.00	529
李成章教练奥数笔记.第9卷	2016—01	28.00	530
第19～23届"希望杯"全国数学邀请赛试题审题要津详细评注(初一版)	2014—03	28.00	333
第19～23届"希望杯"全国数学邀请赛试题审题要津详细评注(初二、初三版)	2014—03	38.00	334
第19～23届"希望杯"全国数学邀请赛试题审题要津详细评注(高一版)	2014—03	28.00	335
第19～23届"希望杯"全国数学邀请赛试题审题要津详细评注(高二版)	2014—03	38.00	336
第19～25届"希望杯"全国数学邀请赛试题审题要津详细评注(初一版)	2015—01	38.00	416
第19～25届"希望杯"全国数学邀请赛试题审题要津详细评注(初二、初三版)	2015—01	58.00	417
第19～25届"希望杯"全国数学邀请赛试题审题要津详细评注(高一版)	2015—01	48.00	418
第19～25届"希望杯"全国数学邀请赛试题审题要津详细评注(高二版)	2015—01	48.00	419
物理奥林匹克竞赛大题典——力学卷	2014—11	48.00	405
物理奥林匹克竞赛大题典——热学卷	2014—04	28.00	339
物理奥林匹克竞赛大题典——电磁学卷	2015—07	48.00	406
物理奥林匹克竞赛大题典——光学与近代物理卷	2014—06	28.00	345
历届中国东南地区数学奥林匹克试题及解答	2024—06	68.00	1724
历届中国西部地区数学奥林匹克试题集(2001～2012)	2014—07	18.00	347
历届中国女子数学奥林匹克试题集(2002～2012)	2014—08	18.00	348
数学奥林匹克在中国	2014—06	98.00	344
数学奥林匹克问题集	2014—01	38.00	267
数学奥林匹克不等式散论	2010—06	38.00	124
数学奥林匹克不等式欣赏	2011—09	38.00	138
数学奥林匹克超级题库(初中卷上)	2010—01	58.00	66
数学奥林匹克不等式证明方法和技巧(上、下)	2011—08	158.00	134,135
他们学什么:原民主德国中学数学课本	2016—09	38.00	658
他们学什么:英国中学数学课本	2016—09	38.00	659
他们学什么:法国中学数学课本.1	2016—09	38.00	660
他们学什么:法国中学数学课本.2	2016—09	28.00	661
他们学什么:法国中学数学课本.3	2016—09	38.00	662
他们学什么:苏联中学数学课本	2016—09	28.00	679

刘培杰数学工作室
已出版(即将出版)图书目录——初等数学

书　　名	出版时间	定　价	编号
高中数学题典——集合与简易逻辑·函数	2016－07	48.00	647
高中数学题典——导数	2016－07	48.00	648
高中数学题典——三角函数·平面向量	2016－07	48.00	649
高中数学题典——数列	2016－07	58.00	650
高中数学题典——不等式·推理与证明	2016－07	38.00	651
高中数学题典——立体几何	2016－07	48.00	652
高中数学题典——平面解析几何	2016－07	78.00	653
高中数学题典——计数原理·统计·概率·复数	2016－07	48.00	654
高中数学题典——算法·平面几何·初等数论·组合数学·其他	2016－07	68.00	655
台湾地区奥林匹克数学竞赛试题.小学一年级	2017－03	38.00	722
台湾地区奥林匹克数学竞赛试题.小学二年级	2017－03	38.00	723
台湾地区奥林匹克数学竞赛试题.小学三年级	2017－03	38.00	724
台湾地区奥林匹克数学竞赛试题.小学四年级	2017－03	38.00	725
台湾地区奥林匹克数学竞赛试题.小学五年级	2017－03	38.00	726
台湾地区奥林匹克数学竞赛试题.小学六年级	2017－03	38.00	727
台湾地区奥林匹克数学竞赛试题.初中一年级	2017－03	38.00	728
台湾地区奥林匹克数学竞赛试题.初中二年级	2017－03	38.00	729
台湾地区奥林匹克数学竞赛试题.初中三年级	2017－03	28.00	730
不等式证题法	2017－04	28.00	747
平面几何培优教程	2019－08	88.00	748
奥数鼎级培优教程.高一分册	2018－09	88.00	749
奥数鼎级培优教程.高二分册.上	2018－04	68.00	750
奥数鼎级培优教程.高二分册.下	2018－04	68.00	751
高中数学竞赛冲刺宝典	2019－04	68.00	883
初中尖子生数学超级题典.实数	2017－07	58.00	792
初中尖子生数学超级题典.式、方程与不等式	2017－08	58.00	793
初中尖子生数学超级题典.圆、面积	2017－08	38.00	794
初中尖子生数学超级题典.函数、逻辑推理	2017－08	48.00	795
初中尖子生数学超级题典.角、线段、三角形与多边形	2017－07	58.00	796
数学王子——高斯	2018－01	48.00	858
坎坷奇星——阿贝尔	2018－01	48.00	859
闪烁奇星——伽罗瓦	2018－01	58.00	860
无穷统帅——康托尔	2018－01	48.00	861
科学公主——柯瓦列夫斯卡娅	2018－01	48.00	862
抽象代数之母——埃米·诺特	2018－01	48.00	863
电脑先驱——图灵	2018－01	58.00	864
昔日神童——维纳	2018－01	48.00	865
数坛怪侠——爱尔特希	2018－01	68.00	866
传奇数学家徐利治	2019－09	88.00	1110

刘培杰数学工作室
已出版(即将出版)图书目录——初等数学

书　　名	出版时间	定　价	编号
当代世界中的数学.数学思想与数学基础	2019－01	38.00	892
当代世界中的数学.数学问题	2019－01	38.00	893
当代世界中的数学.应用数学与数学应用	2019－01	38.00	894
当代世界中的数学.数学王国的新疆域(一)	2019－01	38.00	895
当代世界中的数学.数学王国的新疆域(二)	2019－01	38.00	896
当代世界中的数学.数林撷英(一)	2019－01	38.00	897
当代世界中的数学.数林撷英(二)	2019－01	48.00	898
当代世界中的数学.数学之路	2019－01	38.00	899
105 个代数问题:来自 AwesomeMath 夏季课程	2019－02	58.00	956
106 个几何问题:来自 AwesomeMath 夏季课程	2020－07	58.00	957
107 个几何问题:来自 AwesomeMath 全年课程	2020－07	58.00	958
108 个代数问题:来自 AwesomeMath 全年课程	2019－01	68.00	959
109 个不等式:来自 AwesomeMath 夏季课程	2019－04	58.00	960
110 个几何问题:选自各国数学奥林匹克竞赛	2024－04	58.00	961
111 个代数和数论问题	2019－05	58.00	962
112 个组合问题:来自 AwesomeMath 夏季课程	2019－05	58.00	963
113 个几何不等式:来自 AwesomeMath 夏季课程	2020－08	58.00	964
114 个指数和对数问题:来自 AwesomeMath 夏季课程	2019－09	48.00	965
115 个三角问题:来自 AwesomeMath 夏季课程	2019－09	58.00	966
116 个代数不等式:来自 AwesomeMath 全年课程	2019－04	58.00	967
117 个多项式问题:来自 AwesomeMath 夏季课程	2021－09	58.00	1409
118 个数学竞赛不等式	2022－08	78.00	1526
119 个三角问题	2024－05	58.00	1726
119 个三角问题	2024－05	58.00	1726
紫色彗星国际数学竞赛试题	2019－02	58.00	999
数学竞赛中的数学:为数学爱好者、父母、教师和教练准备的丰富资源.第一部	2020－04	58.00	1141
数学竞赛中的数学:为数学爱好者、父母、教师和教练准备的丰富资源.第二部	2020－07	48.00	1142
和与积	2020－10	38.00	1219
数论:概念和问题	2020－12	68.00	1257
初等数学问题研究	2021－03	48.00	1270
数学奥林匹克中的欧几里得几何	2021－10	68.00	1413
数学奥林匹克题解新编	2022－01	58.00	1430
图论入门	2022－09	58.00	1554
新的、更新的、最新的不等式	2023－07	58.00	1650
几何不等式相关问题	2024－04	58.00	1721
数学归纳法——一种高效而简捷的证明方法	2024－06	48.00	1738
数学竞赛中奇妙的多项式	2024－01	78.00	1646
120 个奇妙的代数问题及 20 个奖励问题	2024－04	48.00	1647
几何不等式相关问题	2024－04	58.00	1721
数学竞赛中的十个代数主题	2024－10	58.00	1745
AwesomeMath 入学测试题:前九年:2006—2014	2024－11	38.00	1644
AwesomeMath 入学测试题:接下来的七年:2015—2021	2024－12	48.00	1782
奥林匹克几何入门	2025－01	48.00	1796

刘培杰数学工作室
已出版(即将出版)图书目录——初等数学

书名	出版时间	定价	编号
澳大利亚中学数学竞赛试题及解答(初级卷)1978～1984	2019－02	28.00	1002
澳大利亚中学数学竞赛试题及解答(初级卷)1985～1991	2019－02	28.00	1003
澳大利亚中学数学竞赛试题及解答(初级卷)1992～1998	2019－02	28.00	1004
澳大利亚中学数学竞赛试题及解答(初级卷)1999～2005	2019－02	28.00	1005
澳大利亚中学数学竞赛试题及解答(中级卷)1978～1984	2019－03	28.00	1006
澳大利亚中学数学竞赛试题及解答(中级卷)1985～1991	2019－03	28.00	1007
澳大利亚中学数学竞赛试题及解答(中级卷)1992～1998	2019－03	28.00	1008
澳大利亚中学数学竞赛试题及解答(中级卷)1999～2005	2019－03	28.00	1009
澳大利亚中学数学竞赛试题及解答(高级卷)1978～1984	2019－05	28.00	1010
澳大利亚中学数学竞赛试题及解答(高级卷)1985～1991	2019－05	28.00	1011
澳大利亚中学数学竞赛试题及解答(高级卷)1992～1998	2019－05	28.00	1012
澳大利亚中学数学竞赛试题及解答(高级卷)1999～2005	2019－05	28.00	1013
天才中小学生智力测验题.第一卷	2019－03	38.00	1026
天才中小学生智力测验题.第二卷	2019－03	38.00	1027
天才中小学生智力测验题.第三卷	2019－03	38.00	1028
天才中小学生智力测验题.第四卷	2019－03	38.00	1029
天才中小学生智力测验题.第五卷	2019－03	38.00	1030
天才中小学生智力测验题.第六卷	2019－03	38.00	1031
天才中小学生智力测验题.第七卷	2019－03	38.00	1032
天才中小学生智力测验题.第八卷	2019－03	38.00	1033
天才中小学生智力测验题.第九卷	2019－03	38.00	1034
天才中小学生智力测验题.第十卷	2019－03	38.00	1035
天才中小学生智力测验题.第十一卷	2019－03	38.00	1036
天才中小学生智力测验题.第十二卷	2019－03	38.00	1037
天才中小学生智力测验题.第十三卷	2019－03	38.00	1038
重点大学自主招生数学备考全书:函数	2020－05	48.00	1047
重点大学自主招生数学备考全书:导数	2020－08	48.00	1048
重点大学自主招生数学备考全书:数列与不等式	2019－10	78.00	1049
重点大学自主招生数学备考全书:三角函数与平面向量	2020－08	68.00	1050
重点大学自主招生数学备考全书:平面解析几何	2020－07	58.00	1051
重点大学自主招生数学备考全书:立体几何与平面几何	2019－08	48.00	1052
重点大学自主招生数学备考全书:排列组合·概率统计·复数	2019－09	48.00	1053
重点大学自主招生数学备考全书:初等数论与组合数学	2019－08	48.00	1054
重点大学自主招生数学备考全书:重点大学自主招生真题.上	2019－04	68.00	1055
重点大学自主招生数学备考全书:重点大学自主招生真题.下	2019－04	58.00	1056
高中数学竞赛培训教程:平面几何问题的求解方法与策略.上	2018－05	68.00	906
高中数学竞赛培训教程:平面几何问题的求解方法与策略.下	2018－06	78.00	907
高中数学竞赛培训教程:整除与同余以及不定方程	2018－01	88.00	908
高中数学竞赛培训教程:组合计数与组合极值	2018－04	48.00	909
高中数学竞赛培训教程:初等代数	2019－04	78.00	1042
高中数学讲座:数学竞赛基础教程(第一册)	2019－06	48.00	1094
高中数学讲座:数学竞赛基础教程(第二册)	即将出版		1095
高中数学讲座:数学竞赛基础教程(第三册)	即将出版		1096
高中数学讲座:数学竞赛基础教程(第四册)	即将出版		1097

刘培杰数学工作室
已出版(即将出版)图书目录——初等数学

书　名	出版时间	定　价	编号
新编中学数学解题方法 1000 招丛书. 实数(初中版)	2022—05	58.00	1291
新编中学数学解题方法 1000 招丛书. 式(初中版)	2022—05	48.00	1292
新编中学数学解题方法 1000 招丛书. 方程与不等式(初中版)	2021—04	58.00	1293
新编中学数学解题方法 1000 招丛书. 函数(初中版)	2022—05	38.00	1294
新编中学数学解题方法 1000 招丛书. 角(初中版)	2022—05	48.00	1295
新编中学数学解题方法 1000 招丛书. 线段(初中版)	2022—05	48.00	1296
新编中学数学解题方法 1000 招丛书. 三角形与多边形(初中版)	2021—04	48.00	1297
新编中学数学解题方法 1000 招丛书. 圆(初中版)	2022—05	48.00	1298
新编中学数学解题方法 1000 招丛书. 面积(初中版)	2021—07	28.00	1299
新编中学数学解题方法 1000 招丛书. 逻辑推理(初中版)	2022—06	48.00	1300
高中数学题典精编. 第一辑. 函数	2022—01	58.00	1444
高中数学题典精编. 第一辑. 导数	2022—01	68.00	1445
高中数学题典精编. 第一辑. 三角函数・平面向量	2022—01	68.00	1446
高中数学题典精编. 第一辑. 数列	2022—01	58.00	1447
高中数学题典精编. 第一辑. 不等式・推理与证明	2022—01	58.00	1448
高中数学题典精编. 第一辑. 立体几何	2022—01	58.00	1449
高中数学题典精编. 第一辑. 平面解析几何	2022—01	68.00	1450
高中数学题典精编. 第一辑. 统计・概率・平面几何	2022—01	58.00	1451
高中数学题典精编. 第一辑. 初等数论・组合数学・数学文化・解题方法	2022—01	58.00	1452
历届全国初中数学竞赛试题分类解析. 初等代数	2022—09	98.00	1555
历届全国初中数学竞赛试题分类解析. 初等数论	2022—09	48.00	1556
历届全国初中数学竞赛试题分类解析. 平面几何	2022—09	38.00	1557
历届全国初中数学竞赛试题分类解析. 组合	2022—09	38.00	1558
从三道高三数学模拟题的背景谈起:兼谈傅里叶三角级数	2023—03	48.00	1651
从一道日本东京大学的入学试题谈起:兼谈 π 的方方面面	2025—01	68.00	1652
从两道 2021 年福建高三数学测试题谈起:兼谈球面几何学与球面三角学	2025—01	58.00	1653
从一道湖南高考数学试题谈起:兼谈有界变差数列	2024—01	48.00	1654
从一道高校自主招生试题谈起:兼谈詹森函数方程	即将出版		1655
从一道上海高考数学试题谈起:兼谈有界变差函数	即将出版		1656
从一道北京大学金秋营数学试题的解法谈起:兼谈伽罗瓦理论	2024—10	38.00	1657
从一道北京高考数学试题的解法谈起:兼谈毕克定理	即将出版		1658
从一道北京大学金秋营数学试题的解法谈起:兼谈帕塞瓦尔恒等式	2024—10	68.00	1659
从一道高三数学模拟测试题的背景谈起:兼谈等周问题与等周不等式	即将出版		1660
从一道 2020 年全国高考数学试题的解法谈起:兼谈斐波那契数列和纳卡穆拉定理及奥斯图达定理	即将出版		1661
从一道高考数学附加题谈起:兼谈广义斐波那契数列	2025—01	68.00	1662

刘培杰数学工作室
已出版(即将出版)图书目录——初等数学

书　名	出版时间	定　价	编号
从一道普通高中学业水平考试中数学卷的压轴题谈起——兼谈最佳逼近理论	2024－10	58.00	1759
从一道高考数学试题谈起——兼谈李普希兹条件	即将出版		1760
从一道北京市朝阳区高二期末数学考试题的解法谈起——兼谈希尔宾斯基垫片和分形几何	即将出版		1761
从一道高考数学试题谈起——兼谈巴拿赫压缩不动点定理	即将出版		1762
从一道中国台湾地区高考数学试题谈起——兼谈费马数与计算数论	即将出版		1763
从 2022 年全国高考数学压轴题的解法谈起——兼谈数值计算中的帕德逼近	2024－10	48.00	1764
从一道清华大学 2022 年强基计划数学测试题的解法谈起——兼谈拉马努金恒等式	即将出版		1765
从一篇有关数学建模的讲义谈起——兼谈信息熵与信息论	即将出版		1766
从一道清华大学自主招生的数学试题谈起——兼谈格点与闵可夫斯基定理	即将出版		1767
从一道 1979 年高考数学试题谈起——兼谈勾股定理和毕达哥拉斯定理	即将出版		1768
从一道 2020 年北京大学"强基计划"数学试题谈起——兼谈微分几何中的包络问题	即将出版		1769
从一道高考数学试题谈起——兼谈香农的信息理论	即将出版		1770
代数学教程.第一卷,集合论	2023－08	58.00	1664
代数学教程.第二卷,抽象代数基础	2023－08	68.00	1665
代数学教程.第三卷,数论原理	2023－08	58.00	1666
代数学教程.第四卷,代数方程式论	2023－08	48.00	1667
代数学教程.第五卷,多项式理论	2023－08	58.00	1668
代数学教程.第六卷,线性代数原理	2024－06	98.00	1669
中考数学培优教程——二次函数卷	2024－05	78.00	1718
中考数学培优教程——平面几何最值卷	2024－05	58.00	1719
中考数学培优教程——专题讲座卷	2024－05	58.00	1720

联系地址:哈尔滨市南岗区复华四道街 10 号　哈尔滨工业大学出版社刘培杰数学工作室

邮　　编:150006

联系电话:0451－86281378　　13904613167

E-mail:lpj1378@163.com